海上絲綢之路基本文獻叢書

海錯圖（第四册）
安南紀略

〔清〕聶璜 繪／〔清〕查禮 撰

文物出版社

圖書在版編目（CIP）數據

海錯圖．第四册，安南紀略 /（清）聶璜繪 ;（清）查禮撰．-- 北京 : 文物出版社，2022.7
（海上絲綢之路基本文獻叢書）
ISBN 978-7-5010-7702-1

Ⅰ．①海… Ⅱ．①聶… ②查… Ⅲ．①海洋生物一圖集 Ⅳ．①Q178.53-64

中國版本圖書館 CIP 數據核字（2022）第 097163 號

海上絲綢之路基本文獻叢書

海錯圖（第四册）·安南紀略

撰　　者：〔清〕聶璜　〔清〕查禮
策　　劃：盛世博閱（北京）文化有限責任公司

封面設計：鞏榮彪
責任編輯：劉永海
責任印製：蘇　林

出版發行：文物出版社
社　　址：北京市東城區東直門内北小街 2 號樓
郵　　編：100007
網　　址：http://www.wenwu.com
經　　銷：新華書店
印　　刷：北京旺都印務有限公司
開　　本：787mm×1092mm　1/16
印　　張：13.75
版　　次：2022 年 7 月第 1 版
印　　次：2022 年 7 月第 1 次印刷
書　　號：ISBN 978-7-5010-7702-1
定　　價：92.00 圓

總緒

海上絲綢之路，一般意義上是指從秦漢至鴉片戰爭前中國與世界進行政治、經濟、文化交流的海上通道，主要分爲經由黄海、東海的海路最終抵達日本列島及朝鮮半島的東海航綫和以徐聞、合浦、廣州、泉州爲起點通往東南亞及印度洋地區的南海航綫。

在中國古代文獻中，最早、最詳細記載『海上絲綢之路』航綫的是東漢班固的《漢書·地理志》，詳細記載了西漢黄門譯長率領應募者入海『齎黄金雜繒而往』之事，書中所出現的地理記載與東南亞地區相關，并與實際的地理狀况基本相符。

東漢後，中國進入魏晋南北朝長達三百多年的分裂割據時期，絲路上的交往也走向低谷。這一時期的絲路交往，以法顯的西行最爲著名。法顯作爲從陸路西行到印度，再由海路回國的第一人，根據親身經歷所寫的《佛國記》（又稱《法顯傳》）一書，詳細介紹了古代中亞和印度、巴基斯坦、斯里蘭卡等地的歷史及風土人情，是瞭解和研究海陸絲綢之路的珍貴歷史資料。

隨着隋唐的統一，中國經濟重心的南移，中國與西方交通以海路爲主，海上絲綢之路進入大發展時期。廣州成爲唐朝最大的海外貿易中心，朝廷設立市舶司，專門管理海外貿易。唐代著名的地理學家賈耽（七三〇～八〇五年）的《皇華四達記》記載了從廣州通往阿拉伯地區的海上交通『廣州通夷道』，詳述了從廣州港出發，經越南、馬來半島、蘇門答臘半島至印度、錫蘭，直至波斯灣沿岸各國的航綫及沿途地區的方位、名稱、島礁、山川、民俗等。譯經大師義净西行求法，將沿途見聞寫成著作《大唐西域求法高僧傳》，詳細記載了海上絲綢之路的發展變化，是我們瞭解絲綢之路不可多得的第一手資料。

宋代的造船技術和航海技術顯著提高，指南針廣泛應用於航海，中國商船的遠航能力大大提升。北宋徐兢的《宣和奉使高麗圖經》詳細記述了船舶製造、海洋地理和往來航綫，是研究宋代海外交通史、中朝友好關係史、中朝經濟文化交流史的重要文獻。南宋趙汝適《諸蕃志》記載，南海有五十三個國家和地區與南宋通商貿易，形成了通往日本、高麗、東南亞、印度、波斯、阿拉伯等地的『海上絲綢之路』。宋代爲了加强商貿往來，於北宋神宗元豐三年（一〇八〇年）頒佈了中國歷史上第一部海洋貿易管理條例《廣州市舶條法》，并稱爲宋代貿易管理的制度範本。

元朝在經濟上採用重商主義政策，鼓勵海外貿易，中國與歐洲的聯繫與交往非常頻繁，其中馬可•波羅、伊本•白圖泰等歐洲旅行家來到中國，留下了大量的旅行記，記録元代海上絲綢之路的盛况。元代的汪大淵兩次出海，撰寫出《島夷志略》一書，記録了二百多個國名和地名，其中不少首次見於中國著録，涉及的地理範圍東至菲律賓群島，西至非洲。這些都反映了元朝時中西經濟文化交流的豐富内容。

明、清政府先後多次實施海禁政策，海上絲綢之路的貿易逐漸衰落。但是從明永樂三年至明宣德八年的二十八年裏，鄭和率船隊七下西洋，先後到達的國家多達三十多個，在進行經貿交流的同時，也極大地促進了中外文化的交流，這些都詳見於《西洋蕃國志》《星槎勝覽》《瀛涯勝覽》等典籍中。

關於海上絲綢之路的文獻記述，除上述官員、學者、求法或傳教高僧以及旅行者的著作外，自《漢書》之後，歷代正史大都列有《地理志》《四夷傳》《西域傳》《外國傳》《蠻夷傳》《屬國傳》等篇章，加上唐宋以來衆多的典制類文獻、地方史志文獻，集中反映了歷代王朝對於周邊部族、政權以及西方世界的認識，都是關於海上絲綢之路的原始史料性文獻。

海上絲綢之路概念的形成，經歷了一個演變的過程。十九世紀七十年代德國地理學家費迪南·馮·李希霍芬（Ferdinad Von Richthofen，一八三三～一九〇五），在其《中國：親身旅行和研究成果》第三卷中首次把輸出中國絲綢的東西陸路稱爲『絲綢之路』。有『歐洲漢學泰斗』之稱的法國漢學家沙畹（Édouard Chavannes，一八六五～一九一八），在其一九〇三年著作的《西突厥史料》中提出『絲路有海陸兩道』，蘊涵了海上絲綢之路最初提法。迄今發現最早正式提出『海上絲綢之路』一詞的是日本考古學家三杉隆敏，他在一九六七年出版《中國瓷器之旅：探索海上的絲綢之路》中首次使用『海上絲綢之路』一詞；一九七九年三杉隆敏又出版了《海上絲綢之路》一書，其立意和出發點局限在東西方之間的陶瓷貿易與交流史。

二十世紀八十年代以來，在海外交通史研究中，『海上絲綢之路』一詞逐漸成爲中外學術界廣泛接受的概念。根據姚楠等人研究，饒宗頤先生是華人中最早提出『海上絲綢之路』的人，他的《海道之絲路與昆侖舶》正式提出『海上絲路』的稱謂。選堂先生評價海上絲綢之路是外交、貿易和文化交流作用的通道。此後，大陸學者馮蔚然在一九七八年編寫的《航運史話》中，使用『海上絲綢之路』一詞，這是迄今學界查到的中國大陸最早使用『海上絲綢之路』的人，更多地限於航海活動領域的考察。一九八〇年北京大學陳炎教授提出『海上絲綢之路』研究，并於一九八一年發表《略論海上絲綢之路》一文。他對海上絲綢之路的理解超越以往，且帶有濃厚的愛國主義思想。陳炎教授之後，從事研究海上絲綢之路的學者越來越多，尤其沿海港口城市向聯合國申請海上絲綢之路非物質文化遺産活動，將海上絲綢之路研究推向新高潮。另外，國家把建設『絲綢之路經濟帶』和『二十一世紀海上絲綢之路』作爲對外發展方針，將這一學術課題提升爲國家願景的高度，使海上絲綢之路形成超越學術進入政經層面的熱潮。

與海上絲綢之路學的萬千氣象相對應，海上絲綢之路文獻的整理工作仍顯滯後，遠遠跟不上突飛猛進的研究進展。二〇一八年厦門大學、中山大學等單位聯合發起『海上絲綢之路文獻集成』專案，尚在醞釀當中。我們不揣淺陋，深入調查，廣泛搜集，將有關海上絲綢之路的原始史料文獻和研究文獻，分爲風俗物産、雜史筆記、海防海事、典章檔案等六個類别，彙編成《海上絲綢之路歷史文化叢書》，於二〇二〇年影印出版。此輯面市以來，深受各大圖書館及相關研究者好評。爲讓更多的讀者親近古籍文獻，我們遴選出前編中的菁華，彙編成《海上絲綢之路基本文獻叢書》，以單行本影印出版，以饗讀者，以期爲讀者展現出一幅幅中外經濟文化交流的精美畫卷，爲海上絲綢之路的研究提供歷史借鑒，爲『二十一世紀海上絲綢之路』倡議構想的實踐做好歷史的詮釋和注脚，從而達到『以史爲鑒』『古爲今用』的目的。

凡例

一、本編注重史料的珍稀性，從《海上絲綢之路歷史文化叢書》中遴選出菁華，擬出版百册單行本。

二、本編所選之文獻，其編纂的年代下限至一九四九年。

三、本編排序無嚴格定式，所選之文獻篇幅以二百餘頁爲宜，以便讀者閱讀使用。

四、本編所選文獻，每種前皆注明版本、著者。

五、本編文獻皆爲影印，原始文本掃描之後經過修復處理，仍存原式，少數文獻由於原始底本欠佳，略有模糊之處，不影響閱讀使用。

六、本編原始底本非一時一地之出版物，原書裝幀、開本多有不同，本書彙編之後，統一爲十六開右翻本。

目録

海錯圖（第四册）

海錯圖（第四册）

〔清〕聶璜 繪

清康熙間繪本

鱟魚贊
無鱗稱魚
有殼非蟹
牝牡乘風
來自南海

凡鱟至夏南風發則自南海雙雙入於浙閩海塗生子至秋後則仍還南海閩中漁人云小鱟魚雌者常聚於廣之潮州雄者聚於浙閩海塗至秋長大浙閩小鱟皆去就潮州配合來年復來是成準也予未敢信海人曰吾濱海兒童捕得小鱟皆雄而無雌以是可驗此奇理也存其說以俟高明

鱟字彙音候海中介虫也足隱腹下不可見雄常守雌取之必得漁俗呼鱟媚性善候風其相負雖風濤終不能解又號鱟帆鱟帆者雌鱟于水面乘風負雄其雄鱟後截卷起片片如帆葉而且豎其尾如桅故曰鱟帆海上南風發必至夏月漁人伺之山堂肆考天中記及代醉編俱載有魚矴魚帆之說魚矴謂墨魚也魚帆即鱟帆也泉南雜志曰鱟魚碧血似蟹足十有二漁者醢其肉閩中多以其殼作鑊杓予客閩見烹飪者用此異之深維用者之意蓋銅鐵作杓非損杓即壞鑊且响聲聒耳惟此殼為杓歲久可不損鑊而質薄勢輕木然無聲戛羙俟有廿尸饔反不必取此也又考格物錄亦載鱟魚皮殼屎可為杓則一竈下卷之所操亦自格物中得之并稱其殼後截堅者可為冠入香能發香氣尾可作小如意脂燒之能集鼠予謂一物之微其取材有如此今人為杓而外多輕棄之惜哉為冠似為道冠入香者配香燒取其滋潤意用甲香試之果妙尾作如意者屈其尖以後截殼剪而粘之為如意頭甚雅脂燒集鼠性必類蟹也又考本草云鱟微毒治痔殺蟲尾治腸風殺虫者是殺痔中之虫此物清涼大約能解臟毒臟火尾治腸風同一理也今醫家多未言及何欣閩中張漢逸業醫而博古無書不覽因與論鱟彼出二十年前病中所著鱟賦示予而快之

按字書魚部有⿰魚斤⿰魚公二字⿰魚公同魟云江東似蟹可食今鱟魚似魟其體兩截能折則⿰魚斤⿰魚公二字明指鱟魚而字彙篇海皆不註明欲於水族之內別求所謂⿰魚斤⿰魚公吾知其必不可得也又考海中之魚除比目而外惟鱟魚雌雄相偶在水則相負而遊在陸則相隨而行魚部鰜鰈魪魼鱋五字並指比目則鱟字鰒字當指鱟魚字書俱不註明但鮮鱟曰二魚鮮鰒字曰海魚名使見鱟魚定當悵然自失屈翁山新語云鱟子甚多而為鱟者僅二餘多為蟹為蟳蝦麻蝦及諸魚族鱟乃諸魚蝦之母也

閩中有一種小魚蝦晦夜有光如螢而南海之鱟蠏等夜間在海灘一一皆有一火漁人每取一火則得一鱟蠏之屬蓋海中實有火也屈翁山新語云海中夜行撥棹則火花噴射故

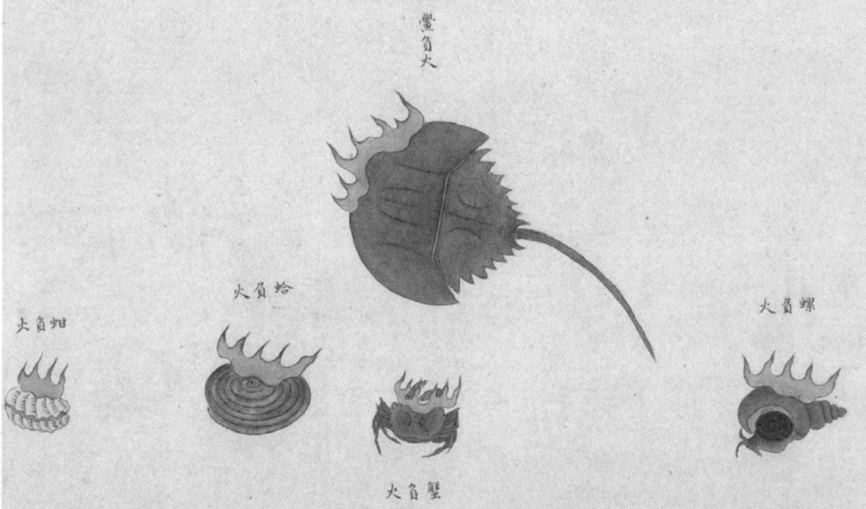

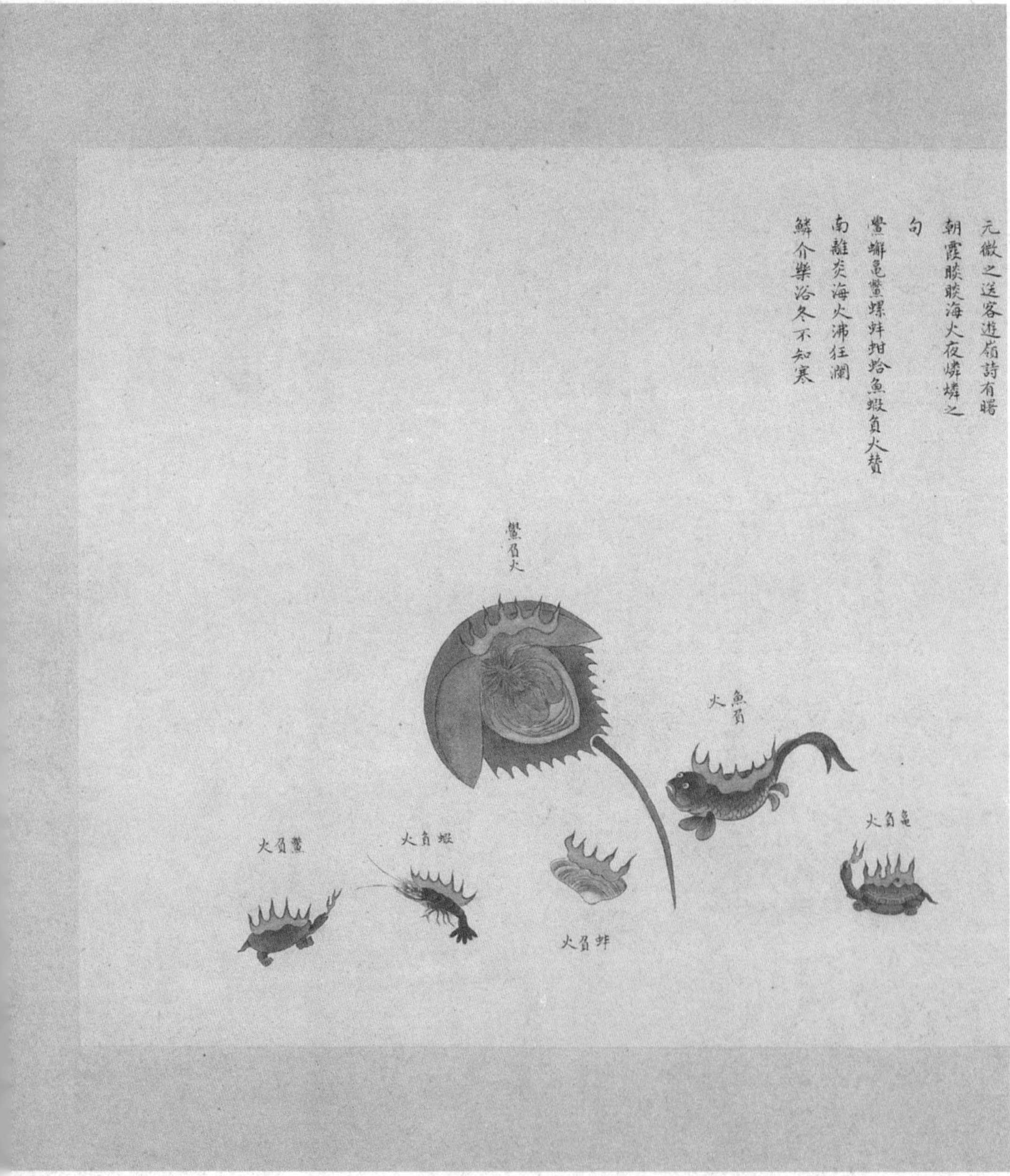
元微之送客遊嶺詩有曙
朝霞睒睒海火夜燐燐之
句
鱟蝌龜鼈螺蚌蚶蛤魚蝦負火賛
南離炎海火沸狂瀾
鱗介樂浴冬不知寒
鱟負火
魚負火
龜負火
鼈負火
蝦負火
蚌負火

响螺化蟹賛

响螺不响
少小無聲
老來變蟹
四海橫行

海中之螺不但小者能變蟹即大如响螺亦能變但不能離螺必負螺而行蓋其半身尚係螺尾也海人通名之曰寄生不如變化之說也

响螺形長如角螺而無刺有瘤南海出者多花紋其殼吹之可為行軍號頭亦曰號螺惟西番僧所帶者黃白花紋瑩然如組如鱗每清旦即吹法螺誦梵唄其大螺大貝多產海西今閩海响螺通如此狀而琉球尤多閩人張玉明於康熙三十年過琉球述其國捕得此螺以繩懸諸空際用炭火炙之其肉自出乃取其頭切成大片乾之貨於福省偽充鰒魚又以其尾醃浸久之貯入磁甕琉球磁甕係長樣如竹筒式乃以磁蓋礪灰封之今閩又以單作辦過甕紮之上船雖橫直拋運無損也至福省售之各肆名曰海胆即此螺之尾也其色

蚕繭螺白而圓長絕類繭狀

蚕繭螺賛

海蚕結繭

綠而味美薰肉食代醬甚佳

飛去其蜮
破繭經霜
變而為螺

香螺之肉如錦紋殻形似土貼而
黃綠色或有黑斑點不等其肉似
腹魚而微香故以香名殻之大者
見養花家多架於藥欄以栽芸草
花卉為玩吳日知云至老亦有變
而為蟹者人亦稱為蟹螺

大香螺化蟹贊

香螺肉錦豈甘久隱
一朝變蟹玉不櫝韞

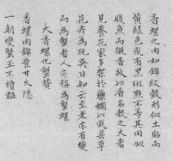

銅穗螺形如穗子活時綠色似蝸牛殼而
堅過之

銅穗螺贊

穗本樹生堪作念珠
海産青螺光圓正如

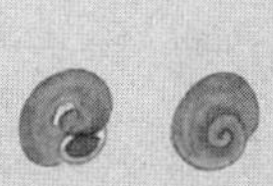

蛇螺殼匾而綠産閩中係海岩石壁
上生成取者以鑿起之始落肉狀如
蛇頭有目有口有鬚更有一肉角全
身拉出軟弱如土猪脂其味甚美不
可多得海人宴上賓用此為敬

蛇螺贊

螺中有蛇觸目心儆
啖者懷疑更甚杯影

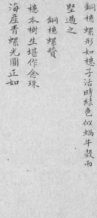

手巾螺圓而有黑紋豐起如花手巾堆盤狀故以手巾名

手巾螺贊

海濵鄒魯居然大雅

設帨以螺龍宮弄瓦

凡螺之尾必盤旋而曲惟羊角螺其形如角

羊角螺贊

大風起兮雲天漠漠

羊角在螺扶搖所落

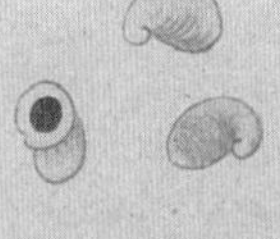

硯臺螺白色背有黑斑其面平如硯螺口作月牙狀如硯池

硯臺螺贊
蝦鬚代筆
鮫綃題詩
烏鰂吐墨
螺作硯池

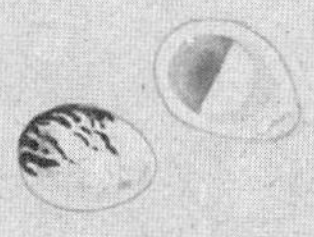

火焰螺形如常螺周殼作紅綠白斑紋上有生成一圈綠焰凡三支而叉三分之海中罕有故典籍及志乘並無近日賈人偶得於澎湖海中見者莫不稱異圖後一日有泉人久於海者見

之曰是珠螺也生海外常有
大珠水中生焰久而結成真
形於殼外贊云透出夜光
意想正到暗與理會

火焰螺贊

老蚌失珠滚入螺房
懷寶難隱透出夜光

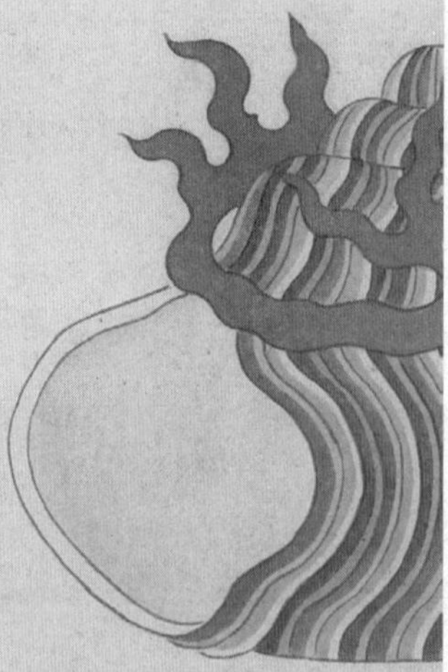

蒜螺高下如蒜形

蒜螺贊

魚有黄瓜
蛤有豆芽
以螺為蒜
食偹漁家

鈔螺産甌之永嘉海濱其殼如蝸牛而文采特勝白質紫紋而画殼上有白一點置水中光燭如銀其肉甚腥殼則華美而堅厚遐方罕見者偶得一二枚藏之鈔囊以為珍物不知永嘉瓦礫之場皆是也

鈔螺賛

其肉則腥其殼則麗

小人鮮衣君子所睨

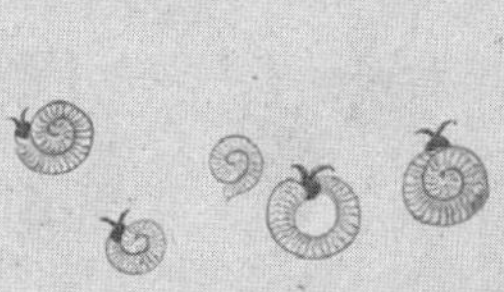

陶隐居云此孔螺是鰒魚甲附石而生大者如手内亦含珠本草云惟一片無對七九孔者良生廣東海畔圖經云生南海今萊州皆有之又曰鰒魚王莽所食者一邊着石光明可愛自是一種愚按鰒魚石决明本草註論說互異或以為一種或以為两種別辨未明但石决明入眼科用治目涼藥也而鰒魚亦

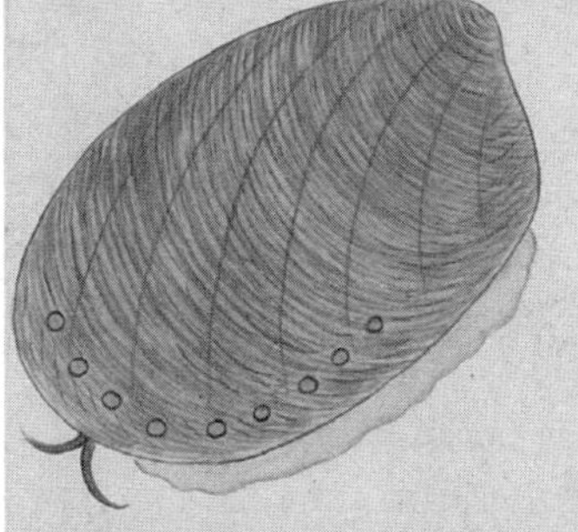

治青瞖能明目蓋附石而生得石之性故肉
與殼皆可以療目其為一體不雜自明矣九
孔螺以九孔者為良有不全者藥貫以鑽穿
之令全可識也製法火煉醋淬研細以水澄
出晒乾以薄綿篩之然後輕細可入目否則
便為眼中着屑非徒無益而又害之

九孔螺贊

河洛圖書不過此數
螺生九孔奇哉天賦

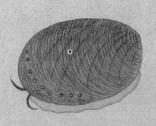

紅螺色正赤有刺産連江海岩石間甚可玩
然偶然有之不得多得

紅螺贊

日照海東螺衣賽紅
龍宮賜緋不與凡同

扁螺產海岩石隙中其質甚堅其形雖圓而扁似乎夾捏而成者也其紋皆作水田狀生物付形變化之體不知何以至是也

扁螺贊

扁螺不圓
質付先天
更有田文
銕筆所鎸

巨螺生大洋深水歲月既久魚不能食人不及取其殼堅厚蠣房攢嘴多寄生于上益為磈礌琉球渟泥最多故二國舊例貢獻方物有螺殼張漢逸曰此鈿螺之大者也琉球國多作壓載物來其掩即甲香也福省巧工車琢其殼為盃去粗皮後帶綠色則曰

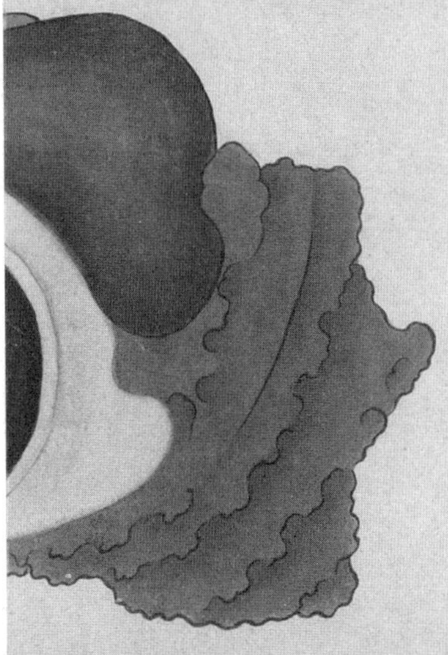

鸚鵡杯去其綠皮珠光色則曰螺盃至螺中心有圓紅處則曰鶴頂紅琢杯餘料為調羹為搔頭一切玩具諸飾甚多其屑即為螺鈿海中諸螺惟此螺有光彩而取用亦無窮也

巨螺贊

螺大如斗
匪但藏酒
更匿嬌娥
願執箕帚

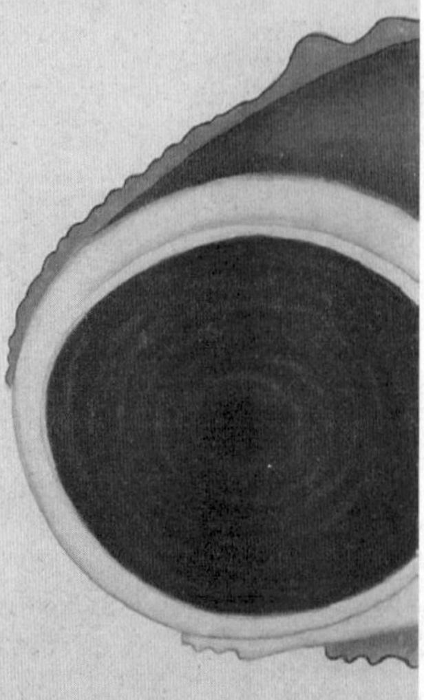

閩中海濱有一種螺兩頭尖其形如梭名曰梭螺興化志有梭尾螺疑即此也

梭螺贊

銀河晚望
織女顰娥
嘆梭落海
變而為螺

海螄白色者產江浙海塗三四月大盛販夫煠熟去尾加香料鬻於市吾杭立夏比屋以焰燒新豆櫻桃海螄為時品然五六月後則海螄盡變不但化蟹並能為小蜻蜓鼓翼飛去

白螄贊

唧咋尋味
美在其中
咀唔難出
必然不通

銅螄其色如銅亦名青螄產閩中海塗閩人呼為莎螺以其生斥鹵草澤間也亦以春深發然味苦不堪食

銅螄贊

銅螄味苦
嗜者難逢
放棄年久
變為老銅

短蛳螺似海蛳而短其殼甚堅而唇亦濶故名螺春月繁生泥螺中不足珍也

短蛳螺贊
似蛳非蛳
蛳中之螺
春月海塗
繁生甚多

鐵蛳其色黑其殼堅産温台及閩中海塗温台冬間即有而盛於春味亦美與杭州白蛳不相上下産閩者不佳而変蛳之候則皆同也

鐵蛳贊
煑海為鹽
乃又有鉄
爐而冶之
國用不竭

手卷螺頭長尾促形如手卷之未展者産
閩中海塗而漳泉尤多

手卷螺贊
龍王不俗
手卷數軸
不圖山水
專畫海錯

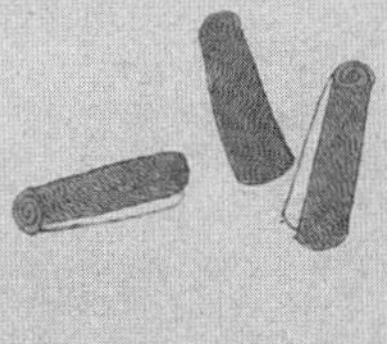

鸚鵡螺其形絶類鸚鵡蹲踞狀首
昂而尾垂色澤與緑衣使無異産
海洋深處古人酒器以此為珍可
不彫琢今人剖而開之去緑衣以
取光華奪目鸚鵡螺杯反不取重
矣且今日螺罕遍天下即玉杯象

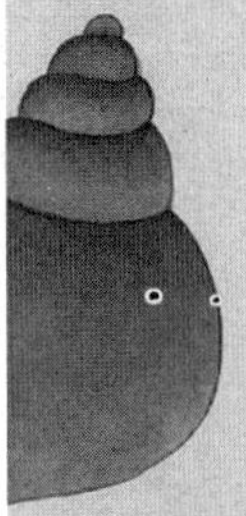

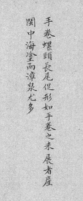

筋貧士可辦緬想茅茨土階汙樽
抔飲何其感也故曰尭讓天下讓
貧非讓富

鸚䳇螺賛
漢晉螺盃名傳鸚䳇
擬物扵倫信而好古

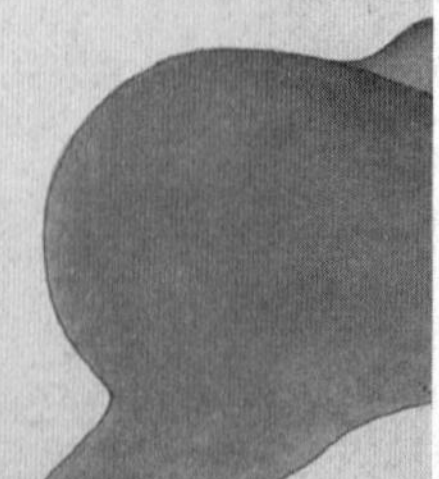

刺螺滿殼皆刺亦曰角螺生海山石岩中
其性剛肉不堪食海人取之但充玩好而
已或曰其肉煮熟切碎重煮自軟味亦清
美

刺螺賛
惟石巖巖
有螺如蝟
執之棘手
其栗惴惴

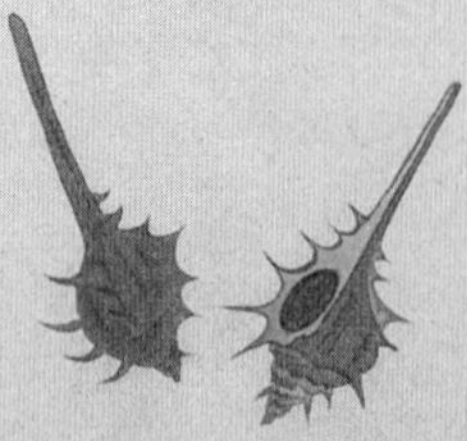

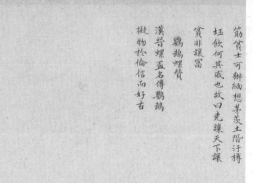

黄螺産閩海中長樂海中最多潛伏海底捕者無由漁人鈎深致遠乃駕船用長繩繫竹筐數十內置瘦豬犬臭爛之物以為餌黄螺海底清波悞貪其味不覺入其彀中漁人舉筐滿載而歸夏月每市于城鄉閩人敬客以為時物以沸湯煠熟席間分竹針挑吸食之張漢逸曰土人稱全味在尾而尾常縮而不出肉堅難化但涎有毒纖歲時必有一二人中而斃者其肉乾之可貽遠然弗甚佳也予客雲南省城初夏亦有取螺於昆明池者云亦潛伏於湖底鬻之者亦以為頭尾各售頭則熟食尾常以薑芥生啖多食不宜亦性寒也然此皆淺近之說遊滇遊閩者必能兩辨之但黄螺潛於海底而亦能化蟹其理深奧以俟後賢必有明辨之者

黄螺贊

海底潛藏　誘以餌香
悞投世網　利鎖名韁

蘇合螺雖産閩海亦不多覯其形如姍瑚層疊而下疏密適均使巧匠有心鏤之恐精巧

針孔螺贊

誰把繡針　碎刺螺房
蝸居疑暗　俾覩天光

亦不至此也亦名絲蚶螺

蘇合螺贊

螺名蘇合似蚶非蛤

化工巧手層層摺衲

桃紅螺圓匾而有細紋其色淺紅

可愛

桃紅螺贊

人面桃花相映乃紅

螺中有女其色必同

空心螺扁而白中帶微紅狀如一垂之盤
而虛其中以繩貫之直透見者莫不稱異
亦產外洋不得之琉球舶人

空心螺贊

螺本非錢何以中空
見者愛之比孔方兄

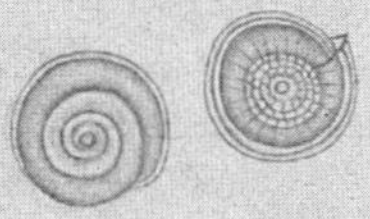

雉斑螺產琉球海洋其螺甚
堅紋如雉羽華美可愛至美
者如斗亦可作號螺余客福
建省城見此螺玩而圖之然
疑琉球產螺不知何以如是
其多賈人曰琉球窮國無他

珍異魚腊而外多以海螺蚶殼壓載入南臺而閩中始有

雉斑螺贊

雄雉于飛泄泄其羽入海為螺斑紋如許

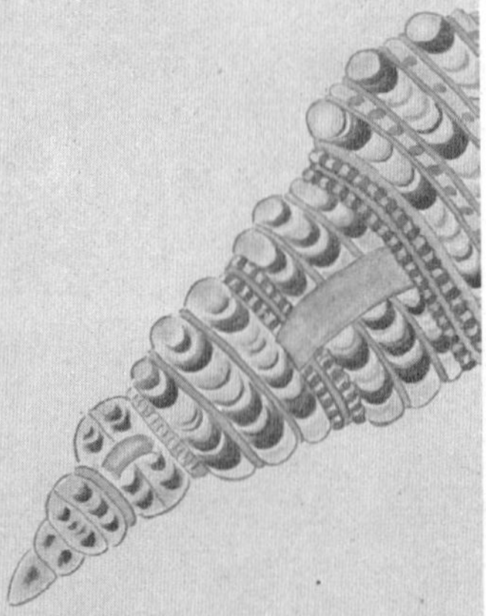

鴨舌螺口內有物如鴨舌產南海漳泉多取以為酒盃名鴨舌盃大者可受三爵

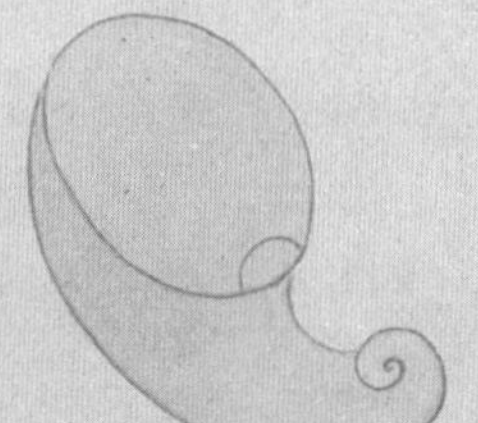

象鼻螺其形如象鼻產琉球海中琢之可為酒罍但諸螺肉依殼盤曲獨此螺肉至半而止止有一小孔或拖細尾及之

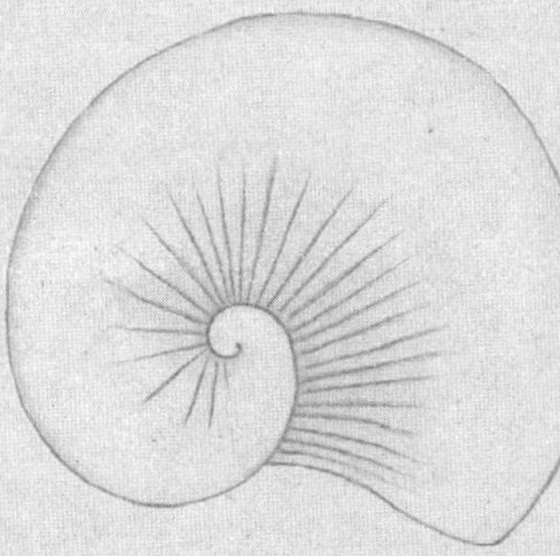

象鼻螺贊

象耕海田
麥浪望洋
其鼻為螺
捲而不長

八口螺邊上沖出八嘴式樣甚異然質粗重而無光彩不堪為酒器文玩僅備

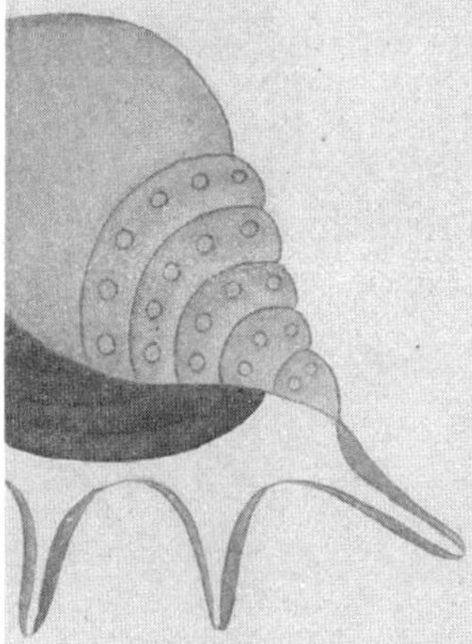

八口螺贊

人喜巧言
螺亦八口

螺名而已亦名蠏螺以其
如八足也閩海罕有琉球
洋中產也

使著螺經
定居其首

棱辮螺其形甚奇折疊之累累如
棱辮亦產琉球不可多得予珍藏
一枚依其式圖恨拙筆不能盡其
奇巧

棱辮螺贊
此螺狀奇
形如棱辮
鮫人結成
世所罕見

大貝雖不及相貝經所載然此貝剖其腹可為酒盃予得是貝珍藏欲求善相貝者一品題而不可得

醬色花貝其殼甚堅賈人多鑽孔貫繩盈千累百以售邏方人多繫兒臂珍之

白貝罕有通來始得見之三山市上其大如拳其色如白磁而式点與諸貝稍異或有

白貝腹

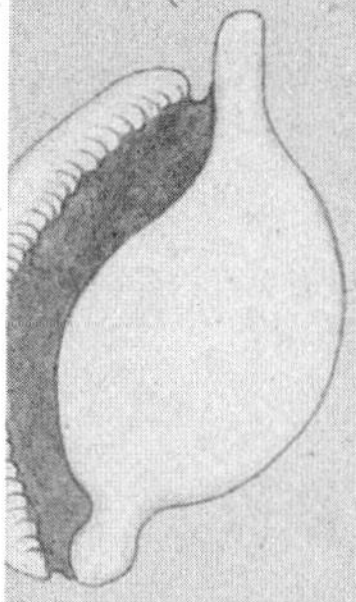

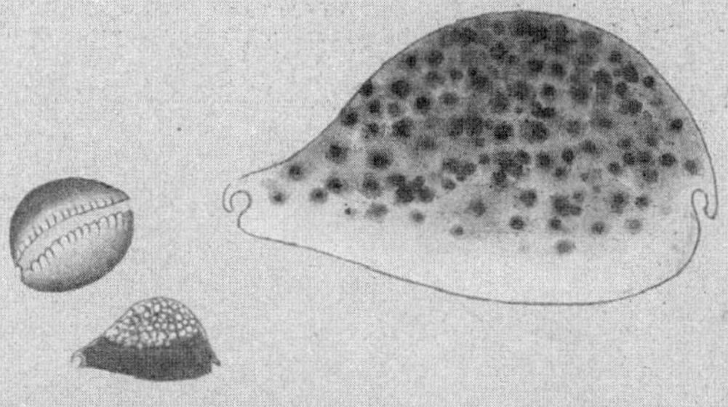

醬色花貝

取材可補相貝經之未備

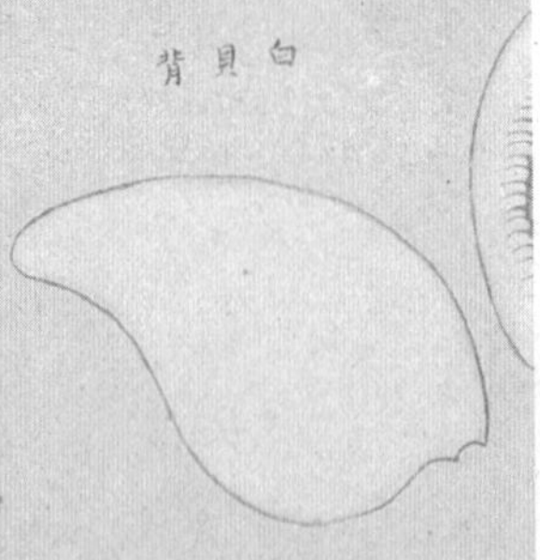

鶺鴒螺形色如鶺鴒狀
故名其螺殼薄可為酒
盃而不便雕鏤

鶺鴒螺贊

螺肖鶺鴒類同鸜鵒
奈何久蹲竟不飛舞

交州記曰大貝出日南如酒杯小貝貝齒也潔白如魚齒故曰貝齒古人用以飾軍容今稀用但穿之為嬰兒戲畫家或使研物明時雲南以小貝為錢貨說文云貝海虫也詩經註貝錦曰水中之介虫紋如錦當云海水中介虫之殼始明相貝經曰朱仲學仙於琴高而得其法及嚴助為會稽太守仲遺助以徑尺之貝并致此文於助曰三代之真瑞靈奇之秘寶其有次此者貝盈尺狀如赤電黑雲謂之紫貝素質紅黑謂之朱貝青地緑文謂之綬貝黑文黃畫謂之霞貝紫愈疾朱明目綬消氣瘴霞伏蛆虫埤雅云錦文如貝謂之貝錦其中肉如蝌蚪而有首尾古者寶龜而貨貝至秦始廢貝行錢愚按貝之為物其用甚古而其字凡資財貢賦貽贈貿買責賤貪貧貨貫償貰貸貯貺費賞賜賄賂贏賒賊質賠貼販賈等字皆從貝可知蒼皇以上文字之始即重貝而古文貝字亦取象貝形

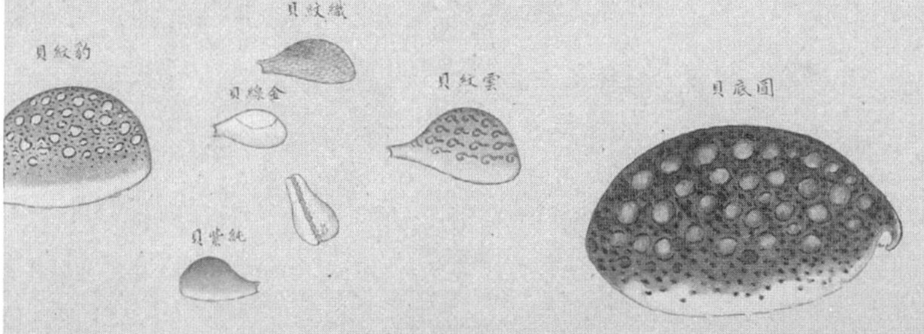

圓底貝底不平與諸貝獨異

雲南以貝代錢最為久遠至 本朝順治間始鑄錢革貝然終難行滇人寔利用貝其所用者皆小貝也大者古人珍之今人亦視為平常然而相貝經所云徑尺之貝近亦未之有也今本圖中皆載閩廣海濱皆產花紋錯雜不同把之可玩有黃質而紫黑點者名曰豹文貝有黃地而黑紋者名曰虎斑貝有青貝有純黃貝有大點貝小點貝金線貝水紋貝織紋貝松花貝雲紋貝純紫貝黑灰貝水紋貝然其式皆上圓下平又有一種上圓而下亦圓者黃黑斑駁點畫家利取以硏物可以轉治者舊海貝原有二種在水曰蜬在陸曰贆或即圖平不同之狀有異名歟予所見貝不過四五種黃允周居連江所見甚多餘皆為黃允周所圖述

貝贊

其名甚古其質最剛

烱波雲景煥然成章

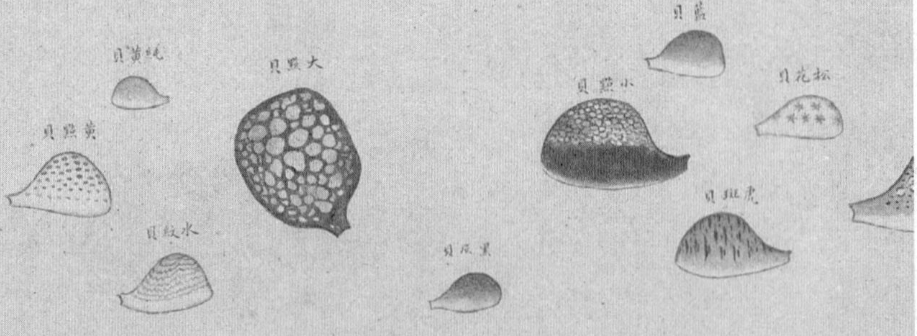

花螺白質紫斑產閩中海塗大者如指而止煠熟挑而啖之頭身味清尾微作香氣

花螺贊

閩海畫師
多買胭脂
點螺千萬
不語人知

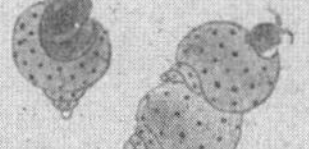

盆螺其螺甚大可為栽花之盆也產海洋深處漁人網中偶得之則食其肉而以殼為花盆連江等處海鄉人家往往有此

盆螺贊

陶冶在海不土不石

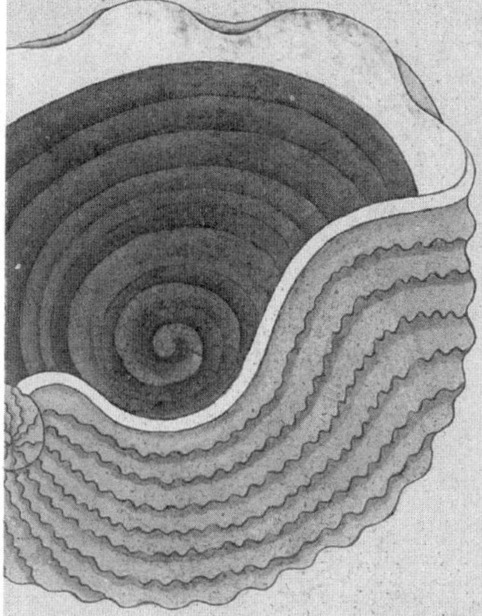

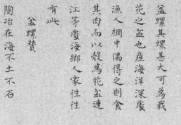

螺盆天然勝於埏埴

泥螺越東之稱閩中稱為梅螺杭州則稱土貼春雨後發生於海濱泥塗間殼薄而肉柔如蝸牛狀必以灰洗其涎然後醃之始可食小者碎如米粒名桃花土貼甚美大者姑蘇賈人以白酒糟拔去鹽味更以酒母好粕醉加以白糖則能吐膏為下酒上品閩中泥螺不堪食亦不善製一種軟螺出閩省小而味長

泥螺贊蝍土

霎雨薰蒸
陽氣鬱結
胎孕土中
濕生之一

軟螺

深紋螺其紋甚深白色螺中罕覯
即海人亦奇

青螺産連江海濱土人稱為
蘇螺陳龍淮贊曰蘇螺青圓
瑩澤如鈿外質輕虛綠膏內
蒸其大槩也

深紋螺贊
高眉深準
匪獨是蚶
有螺紋邃
雕鏤所難

青螺贊
海上浮萍
久苦零丁
難看白眼
喜爾垂青

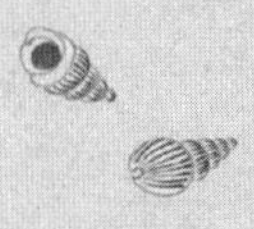

手掌螺金黃色尾後三歧如伸
指掌

手掌螺贊
莊生一指
天地可想
螺意難言
示諸其掌

香螺殼其形似土貼殼而大
黃質紫黑斑點不等其肉有
花紋如錦

小香螺贊
黃殼青斑
吐肉如錦
昏夜縮身
衾幱而寢

石門宕閩中土名也以其螺掩堅厚如石故名
他螺之掩皆薄而此螺之掩獨厚似另附一物
有性靈而活為異其掩閩人常取以置醋甕中
養醋故又名醋螺其實即鈿螺之小者其形如
蓼螺而扁殼則圓而尾則平亦多瘟塊如泡釘
突起巨細之體雖髣髴無二而所用則不同至
大而歲久遠者為杯筆為器皿其掩為甲香亦
名流螺中大者其肉雖亦可食而其尾最麻人
其掩可以養醋小者其肉亦混入鯻螺可食而
味薄其掩如豆粒之半上豐下平投醋中能行
即異物志所謂郎君子海槎錄所謂相思子是
也異物志云郎君子生南海有雌雄狀似杏仁
青碧色欲驗真假先於口內含熱然後投醋中

掩螺

雌雄相趁遶巡便合即下其卵如粟粒者真也
主婦人難産手握便生極有驗海槎録云相思
子生海中如螺之狀而中實類石焉大如豆粒
藏置篋笥積歳不壞若置醋内遂移動盤旋不
已合之本草流螺之説信乎各自一物而寄跡
於螺者也土人石門宕之名搜求典籍甚有味
故曰妙在石門然此物邊海之地不甚稀奇而
異物志珍之必中原人士為傳聞者悞也

石門宕贊

螺有土名雖不雅馴
旁搜典故妙在石門

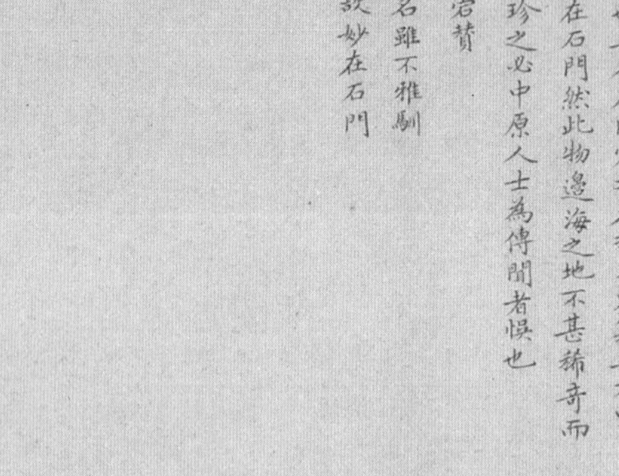

簪螺似海蛳而長亦曰長螺小者一二寸多紫色大者三五寸許白質紫紋如織食法俱同海蛳而性寒非多加薑椒必致大泄産閩中海濱

簪螺贊

簪螺滿握白質紫紋
誰為巧織龍女經綸

蓼螺即辣螺産閩中海濱有大小不等皆同殼生瘤煮食醃食俱辛辣能開人胃氣土人擣碎其殼取肉醃之不假椒料自然可口極辣者亦令人口麻張漢

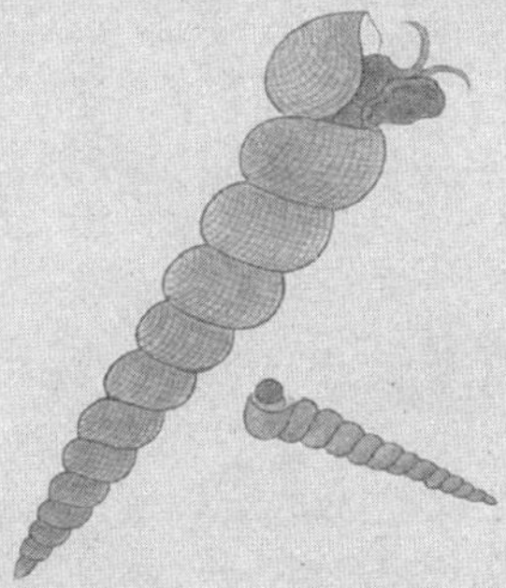

逸曰冬月淡塩腌之瀝滷煎過重漬經時可口夏月塩多則丁塩少易敗薄腌旋食可耳

蓼螺賛

物生海中以鹹為常
獨爾味辛螺中之薑

觀音髻其螺如髻髮第田螺狀而青翠過之産海岩石下有鹹水處其肉亦可食

觀音髻賛

髻稱觀音
何人敢食
止許禿女
借為頭飾

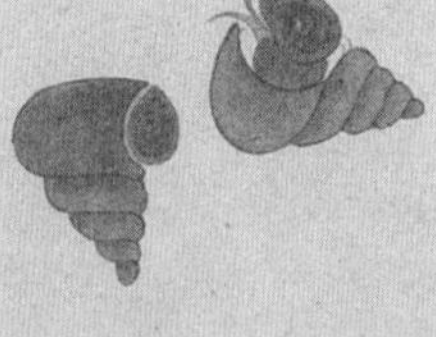

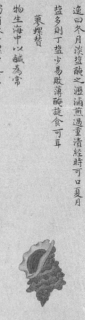

沙蟹小蠏也産福寧之三沙海塗上以沙爲穴其色灰其
體薄不堪食把置掌中每爲海風一吹而去
吳日和曰此蟹善走亦曰沙馬沙上數穴相通疾行如飛
人不能捕即得亦不可食有欲取以爲魚餌者常于黑夜
以火炤之用木圈圍之捕住鉤於魚鉤上餌入水尚能動
以餌海濱鰽魚蓋鰽性不入大海不入泥塗惟于海岩石
隙食石乳等物漁人每於此處垂綸有此蟹無不獲者

沙蟹贊 一名沙馬

蟻蹄位駒蟹名沙馬
乘之者誰蔡氏爲雅

予客台甌目擊海獅實能化蠏及客閩又得見諸螺之無
不能化蟹故彙而圖之一白螄二青螄三鈌螄四黃螺五
蓍螺六蘇螺七辣螺八角螺俱係目擊其中蠏自螺内所
化二螯直舒前四足長後四足隱而短而有一尾行則負
其殼于水卧則縮而潛于其身于房而土人多以予言爲
謬云此寄生蟹蓋蟹寄食于其中者也夫蠏之寄居别有
寄居之說而非諸螺之蠏也即偶有之如異苑所載海中
之螺出殼而遊朝去則有虫類蜘蛛者入其殼中螺夕返
則此虫讓之而去古人所謂鸚鵡外遊寄居負殼者偶然
有之然無人見今諸螺畜于盆盎終始于此無以彼易此
之狀且俱于五六月一陽生之後而變氣候使然世之執
寄居之說者多爲陶隱居之說所誤陶隱居蓋未親歷邊
海也其說者之本草以訛傳訛竟以化生之螺爲寄居誰
則辨之

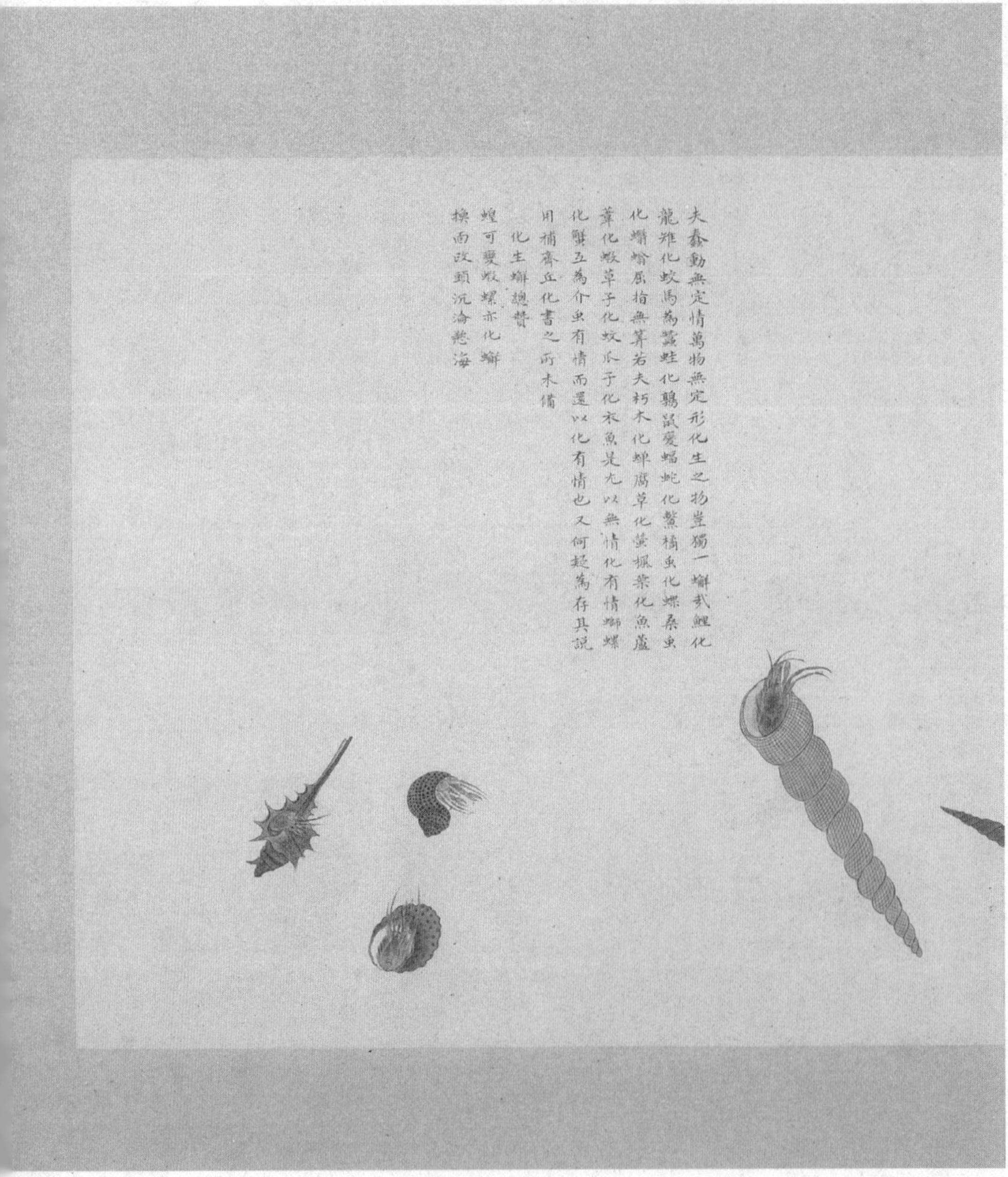
夫蠢動無定情萬物無定形化生之物豈獨一蠏弍鯉化
龍雉化蛟馬為蠶蛙化鶉鼠變蝠蛇化鱉橘虫化蝶桑虫
化蠏蝤屈指無筭若夫朽木化蟬腐草化螢楓葉化魚蘆
葦化蝦草子化蚊爪子化衣魚是尤以無情化有情蜥螺
化蟹互為介虫有情而還以化有情也又何疑焉存其說
用補齋丘化書之所未備
化生蠏總贊
蝗可變蝦螺亦化蠏
換面改頭沉淪苦海

台郡溪蟹不居土專穴溪岸石隙故亦號
石蟹其背平色微赭黑斑而足鮮冗毛四
季繁生牧豎多捕而食之一說溪蟹浸以
童便飲其汁能治嗽

台州溪蟹贊

不黨蟛蜞不附青蠘
平平無奇老死岩穴

金钱蟹似螃蟹而小如蟛越而大㲉扁㲉似錢狀背
黑綠八跪微紅有毛兩螯亦微紅他蟹目額參差多
刺惟此蟹額平生海濱斥滷田中繁于夏秋醉醬堪
入酒㪅吾浙惟甌中多福建沿海皆有閩誌亦載

金錢蟹贊
金錢八足運出海屋
不向貧家專投有福
長眉蟹浙東海鄉土名無可考但他蟹皆有目此蟹獨無
目細視其形長者非眉而寔鬚或以鬚為目未可知也物
理之奧雖難意擬然龍無耳嘗以角聽又安知蟹之無目
不可以鬚為視乎二螯亦較巨鬚下又有二毛爪似取食
入口之具其蟹亢蝦中多得之大約水中化生之物故嘗
與蝦為侶
長眉蟹贊
蟹不永年長眉難覯
介虫得此以介眉壽

凡蟹多生近海及潮信所及處爲多獨溪蟹之爲
物也不隣海潮而産岩畔溪澗及山嶺水澤性益
寒閩中甌郡溪蟹産不繁每伏石阡橋堤水際
不可食食之傷人其力倍倔蟄傷人甚毒性嗜水
故八足多長毛如石在水之有苔者

甌郡溪蟹贊

野蟹離潮甘心泉石
魚蝦視爾疑爲山客

鏡蟹形圓色白其背亦平故以鏡名
伸其鉗足則一蟹也若縮鉗足於腹下
如一石子無異産福寧南路湖尾海邊
其形雖異肉不堪啖不在食品故誌書

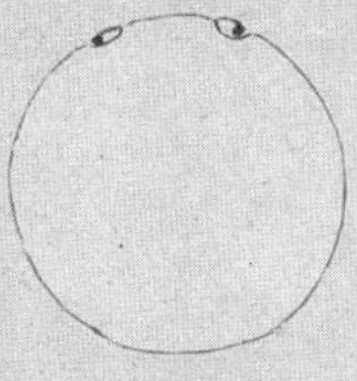

不載

鏡蟹賛

月落萬川盡幻成蟹
至今圓白如鏡滿海

造化鈞陶萬物不使無知之艸木與有知之鳥獸蟲魚異體而不親于是乎竹有鶴膝茶有雀舌莧有烏蓋菊有鵝毛瓜有虎掌豆有羊眼柿有牛心萊有鹿角草有鳳尾龍鬚魚腸鼠耳花有鷄冠鴨脚蝴蝶杜鵑既以有知寄無情還以無情屬有知于是乎又以栗房及蝟文葉及豹桐花及鳳萊花及蛇莓枝及鮮翁葉及魚竹節及蟹而造化之陶鈞極矣竹節蟹産東甌溪澗色別青黄兩種背足全肖竹形吳俗不經見惟西陵徐上扶為知音

竹節蟹賛

蠏生綠殼確肖管竹
剖殼食蟹竹不如肉

此石蟳也狀與青蟳同而螯端上黑下蓋不穴於沙土而穴于海岩石隙間故曰石蟳如一姓而分其居者也亦可食但不似青蟳之廣漁人偶得之耳

石蟳贊

宗派本蟳　居處各地
托于石間　便覺有異

蟹諸向携椎揭張去瑕先生見而嘆賞不已及
康熙庚午送滇去瑕先生又繪昆華之綫公餘
論及雲南紫蟹圖得其形甚肖其蟹產昆池及
撫仙湖等水涯黑紫細斑而背淡青螯足紋同
左右各七尖而平其背土人稱為紫蝴以其有
紫斑也不堪烹以作鮓止可糟醉滇俗土制含
椒加鹽味稍惡又有白蟹形同色異難食
雲南紫蟹贊
圖存滇蟹萬里如在
苟非筆妝有錢難買
蒙蟹產福寧南路海塗背黑緣周圍有金線一
條如乏並有金線相間六月上田間食稻花至
八月則盡入海無存矣本草謂蟹至八月則輸
芒於海神此蟹至期無踪亦奇
蒙蟹贊
八月輸芒敬慎為心
龍神重爾特賜腰金

斑蟹亦產合浦本色綠而斑點作紅黑色參差
不一皆粵人謝友所圖述并有文以附于後
謝三王曰余觀郡屬性好飄蓬落落孤踪燕遊
三冬咄咄書空轉遨浙東丁卯孟春幸炙高風
半度雍雍珠璣滿腔未闢茅衷蟹譜先蒙兩藝
芃芃八足介蟲青赤紫黃其類甚衆賦咏歌諷
悉経巨公予乃陋儒奚須誌頌閒嘗閲歷每見
奇容有若佩鎧遍身刺鋒有如衣錦滿甲斑紅
叟有一種實異名全在水之中活活能動起於
涯隴寂寞硜硜欲投釜鬲不堪烹煮詢我崖儂
捕伊何用扁鵲藥籠藏以治腫千般腫痛一過
消藝本草載銘出蛙海濱此石蟹也謹繪斯形
復先生命

石蟹之為物也其形則蟹其質則石蓋足不全
但存形體大槩剖之仍具殼內脉絡始信非石
也蟹也今藥室中多有其形大小橫斜色澤不
一諳中所圖亦就予所偶見者寫之按本草註
石蟹生南海云是尋常蟹耳年月深久水沫相
着因而化成又曰近海州郡多有質體石也而
都與蟹相似但有泥與粗石相雜耳顧玠海
槎錄云崖州榆林港內半里許土極細賦性最
寒但蟹入則不能運動片時成石人獲之置几
案間能明目石蟹性寒細研入藥原能療目然
粵東謝友又云磨治腫毒何歟蓋毒多發于火
寒藥可除熱結泥蟹性又能散予則醫腫與醫
目同功而異用書傳所記多傳石中生蟹每有
人于泥上石壤中剖石得蟹者此又不知何從
而孕又有人云有得活玉蟹者稱為世寶曠世
難覯圖中所畫石蟹非石之能為蟹乃蟹之化
為石也若此則本草所載石蛇石燕石鱉石蚕
其亦為蛇鷰魚鱉之所化乎更推而廣之星墜

合浦斑蟹贊
合浦產珠乃亦繁蟹
老蚌有知同看斑彩

廣東石蟹贊
面壁幾年一朝坐脫
軀殼不朽千年如活

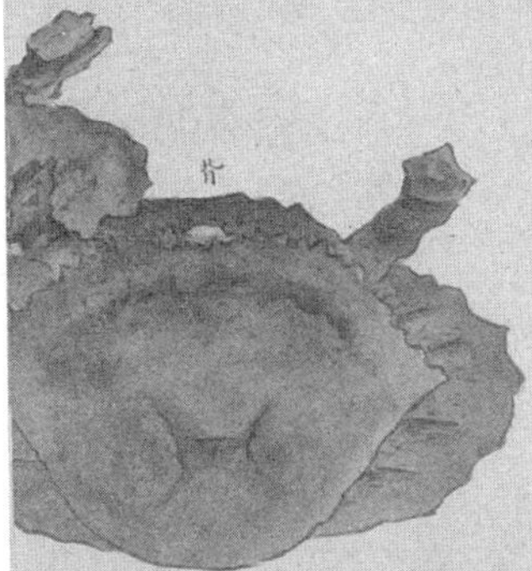

為石老松化石雄雞化石武當山婦人望夫化石則化石之物又不止一蟹然則文人拳老僧岩今而後定當以袍笏加禮尚敢以頑石目之耶

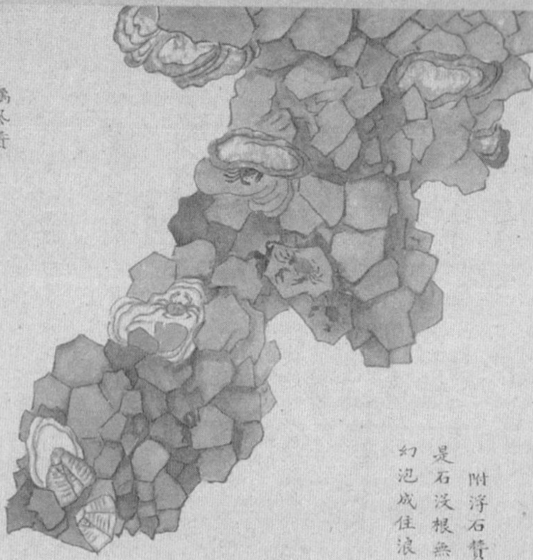

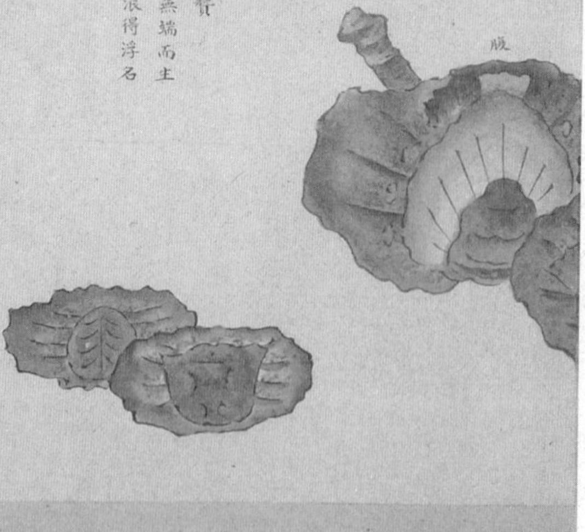

附浮石贊

是石没根無端而生幻泡成住浪得浮名

海嶴間常有浮石飄流水面蓋水泡與沙土結成小者如盤盂大者如几如舟凡撮嘴及蠣房與小蟹並附焉小蟹常寄居於蠣房之中其形微紅而小弱閩人稱為蠣虱冬春之候蟹卵初育隨潮飄散到處皆是蠣張㲉吸水每挾其中適時成形氣體日親久而不去而蠣亦遂相安若已子然所謂蛸蛣腹蠏亦是類也海人好事者每於蠣肉内尋小蟹以為晏客佳品凡蟹背大于臍獨蠣虱則臍包乎背在柔肉之中長㲉為難而長臍則易也

蠣虱贊

有蟹寄居不寒不飢寧神靜卧常掩雙扉

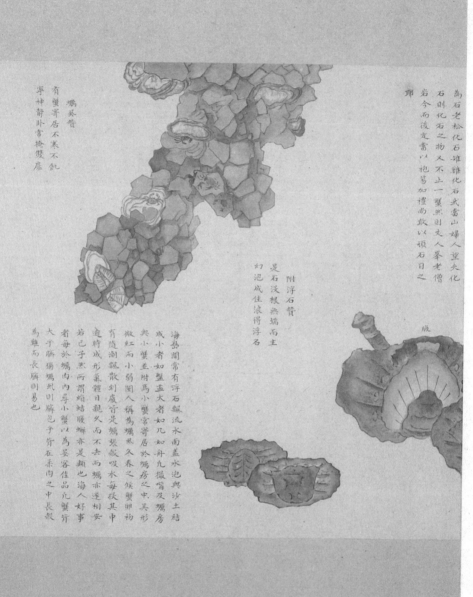

獅毬蠏身小如豆而薄無腹臟無螯目五足如
帶能行於水骸淡灰色而足微有毛類書志書
並不載予客福寧有鬻海鮮於市者筐中檢得
怪而問之曰此物不穴沙土惟隨潮與魚蝦逐
隊而已海人以其如獅毬也遂以獅毬名之愚
按此物宜入螺魚

獅毬蠏贊

梅花為體蒲根為足
蠏以毬名隨其鄉俗

交蟹產寧波海塗甚小且不緐生四明宴上客
必需此為翻席生置盌中乘活投塩豉啖之以
為珍品昔忠懿王宴陶穀自蝤蛑至蠏虳凡十
餘種穀嘗之以為一蠏不如一蠏疑即昔日之
蠏虳予虳字别作蚏未知孰是四明范天石曰
此蠏名交彼此御結也予故以同生同死贊之
或又曰山西宴客覓初生小鼠乘活蘸蜜啖之
口內尚作聲名曰蜜唧唧想中嚼活蠏同一異
事遊方人士投足偶見能不作驚態投筯而起

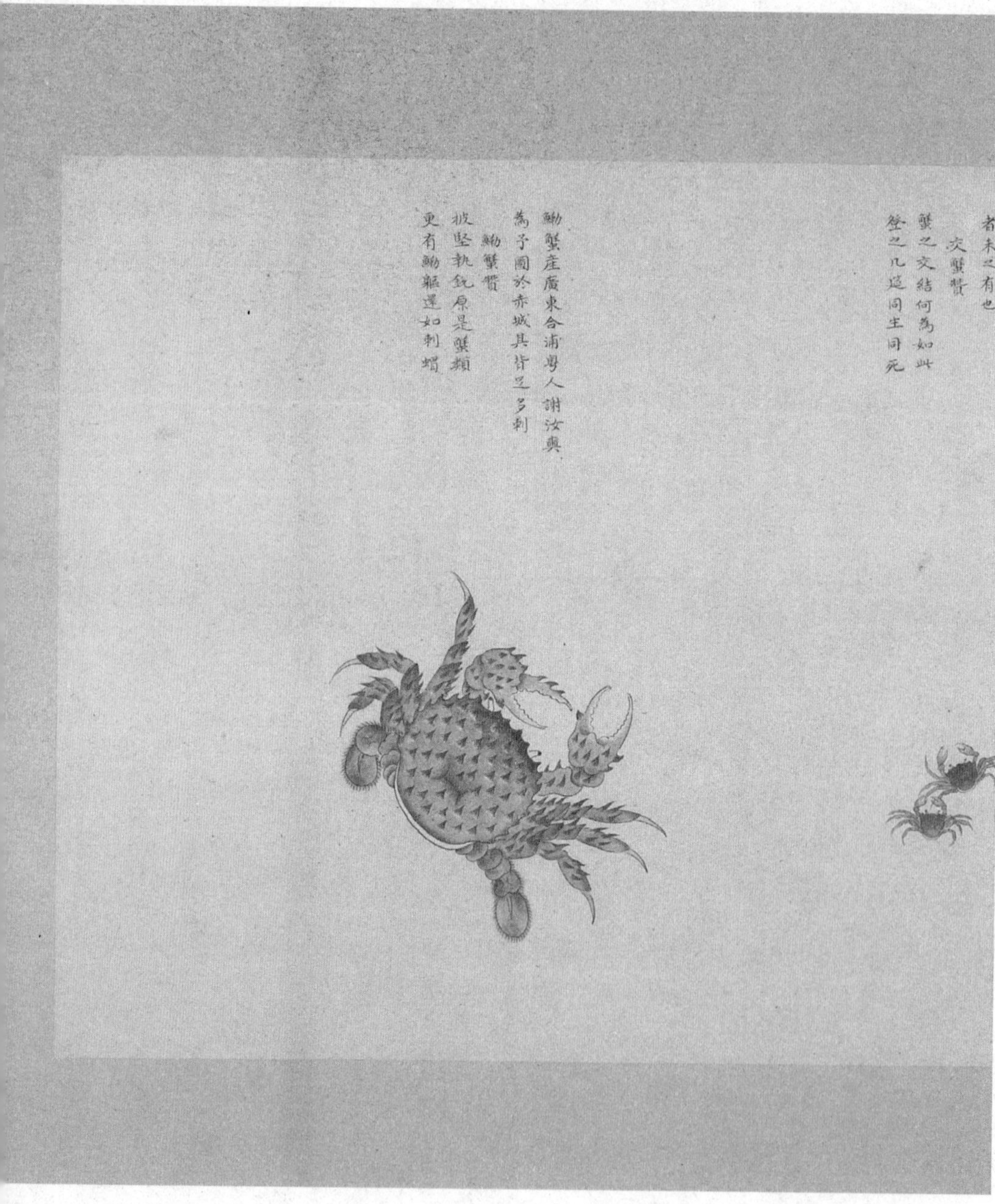
者未之有也
交蟹贊
蟹之交結何爲如此
登之几筵同生同死
蛳蟹産廣東合浦粤人謝汝奭
爲予圖於赤城其背旦多刺
蛳蟹贊
披堅執鋭原是蟹類
更有蛳軀還如刺蝟

長脚蟹雜於蟛蜞間浙
閩海塗皆產牧人攜之
掌上玩視能僞作死狀
棄之于地則疾行而去
長脚蟹贊
介士長脚
具狀善走
臨陣脫逃
不落人後
蘆禽灰色背有水紋并
有黑方塊如印兩螯赤
色產福寧南路海塗
蘆禽贊
有蟹似鳥
不藏深林
有時緣荻
指為蘆禽

台鄉蟛蜞紅足綠背色
雖可觀亦不堪食
蟛蜞贊
紅裙綠襖
海鄉丘嫂
潑掃隨人
中饋弗好

沙蟹淅東之稱也閩中謂之匾蟹其形匾也四季繁生之人醃藏而食其形橫脊其色青黃不等其目長而細其螯白而曲其行趑趄而不疾蟹中有名倚望者東西顧睨行不四五步以足起望入穴乃止今玩其足目得無是歟吾欲章沙蟹之名而以倚望當之何如

沙蟹贊

也土也水　号獨稱沙
種類必繁　運恒河車

此蟹生福寧州海塗漁人得之贈余入圖形狀甚異遍示土人莫有識其名者其背前狹後寬周回有刺而尾後更銳背上凹凸如老僧頭顱有大小紫點目

上有雙鈎紫紋兩螯尤異常蟹角刺排
列如雄雞之幘或曰此沙鑽也穴於沙
未實
無名蟹賛
此蟹殊形遍訪無名
視兩螯張若鬪雞鳴
鐵蟹紫黑色如鐵其形不小產閩之連
江縣海巖石隙間食之無肉把玩而已
鐵蟹賛
誰謂無腸我且面鐵
行部海上駐扎石壁

余於康熙戊午客永嘉之寧村偶得虎蟳覩其全體色正黃背肖虎面目鼻儼然而八跪斑斑描畫
虎狀雖善繪者莫適于此懸諸國門即吳越人士無不驚疑又豈特秦俗能辟瘧哉聊為虎蟳吟四
章以詩其文炳云

其一

山君傳是獸之王斂跡潛身入蟹匡從此
渡河浮海去知無苛政到遐荒

其二

顛狗丹青畫未真如何介體肖全神虎威
莫怪狐狸假公子無腸也效顰

其三

有目眈眈視四方雄心収拾殼中藏把來
掌上隨人玩不假裳衣護色黃

其四

虎變非徒擬大人也教郭索振凡塵隨潮
湧入龍宮裡會際風雲出隱淪

虎蟳贊

懸門斷瘧必爾入秦
鬼雖見畏不咥人亨

吳志伊曰大海之濱有怪物昌黎公或亦有所見而云然耶非耶世之讀山海經者於圖見陸吾虎
身虎爪人面而九首曰怪也於圖見騶虞尾長于身五采而虎形曰怪也於圖見馬腹人面而虎身
曰怪也於圖見英招馬身人面虎尾而鳥翼曰怪也於圖見泰逢兩目有光人身而虎尾曰怪也於
圖見天吳虎身人面八足八尾而八首曰怪也於圖見彊良人身虎首長肘而啣蛇曰怪也於圖見
虎屬馬面而虎文曰怪也於圖見駮虎爪虎牙一角而馬身曰怪也於圖見嚚圍羊角人面而虎爪

曰怪也於圖見蠪姪九尾九首狝身而虎爪曰怪也此皆見其圖形而未見其真形者也若存菴之
於鬲蟹既得見其真形而并即其真形圖之怪哉鬲蟹又何疑焉夫天下之物苟非親見則不可信
然天下之物又豈必盡親見而後可信哉昔禹鑄九鼎以象百物使民知神姦禹非惑世誣民者也
殆九鼎淪亡載籍幸存後人即經義以圖形雖不親見無不可信其或有不能盡信者吾將以虎蟳
圖辨山海經之不誣

吳志伊先生諱任臣與予同里向輯有山海經圖行世學古入官以鴻詞科榮名天府康熙已未以
遊記詩稿寄京并附鬲蟹圖志伊先生見而異之即以山海經圖論鬲蟳取經中凡物有一體肖虎
者皆得與此蟹作賓文成遥擲讀之在彼意雖爲山海經辨疑在我殊爲虎蟳圖生色久存其稿得
錄於譜

余戊午客甌見鬲蟹而外又有黃色而赤斑者背足
之斑點絶似檳榔之剖破狀兩螯如胭脂之襯白玉
瑩潤可愛八足軟而無爪前後如撥棹形其性必宜
於水而非陸處者土人莫能辨混稱爲花蟳及客閩
始知此名金蟳凡後二足扁者皆謂之蟳其色黃故
以金名閩志亦載

金蟳贊

紋紫質黃剖破檳榔
思邈醫龍遺漏藥囊

撥棹賛
墨魚善矴鯊魚善帆
撥棹逐隊隨其往還

天地生物既賦以物性矣又必授以物形若使其形稍有不足以遂其本性而拙於展施則物不任受過而造化之心有遺憾矣是以虎豹至威無爪牙則困駿馬善行而無堅蹄則困牛羊無犄角則不能自強而困象徒臃腫其軀無鼻以為一身之用則困鳥無喙則毛羽雖豐能飛而不利於食則困魚無漏腮則水為之溺無鱗尾則不能自主而困龜鱉黿鼉好靜不假以殼若為之屑而穴之則為物擾而困螺蚌蛤蠣之屬質柔脆無堅房以閉藏其身則困蜂無針則無以自衛而困蝶入花叢以鬚為鼻無鬚則芬芳不別而困蟬蜩蟋蟀蠅蚊之屬軀微不能鼓氣不假以翼而助之鳴則困鶩鴨鴈鷺善入水使濟水之具偶缺而不生方足則困乃天則皆有以各足其形夫是以物物能順其性各用其所長而無所乖忤也蟹中之有撥棹亦若是矣撥棹身濶而横背前有二十尖刺目以下又有三尖刺四鬚二短爪如足色有青者有紫者皆有大彎文及斑點而螯甚利螯頸有刺雖犯前二足向前後二足匾濶如撥棹六節連續若活機在閩則呼為蠘而巨甌人呼為紫蝋其色紫也游於江中淡水者其色鮮麗亦呼為江蟹以其多潛江水也漁人必施網罟始得蓋他蟹多穴於沙土或伏於石罅惟此蟹游泳於江海波濤之中乘水則強失水則斃天特畀以濶足圓機俾嗜水之性與形相侔一如鳧鴨鴈鷺之方足與不利水之旱禽原異也顧名思義惟此蟹能專撥棹之稱本草註混以蝤蛑為撥棹豈其可哉蓋蝤蛑後二足雖濶但能水亦能陸非全以水為性者也若此蟹專利浮泛故不但後足如撥棹而前二足亦若雙櫓在水得勢其行如飛呂譜分別蝤蛑居前撥棹居次二之也雖不得見其圖形而名諦倫次炳如吾用是信之曰形擬性曰性稱名乃得類推萬物之形性以明造化之意蘊而為之說

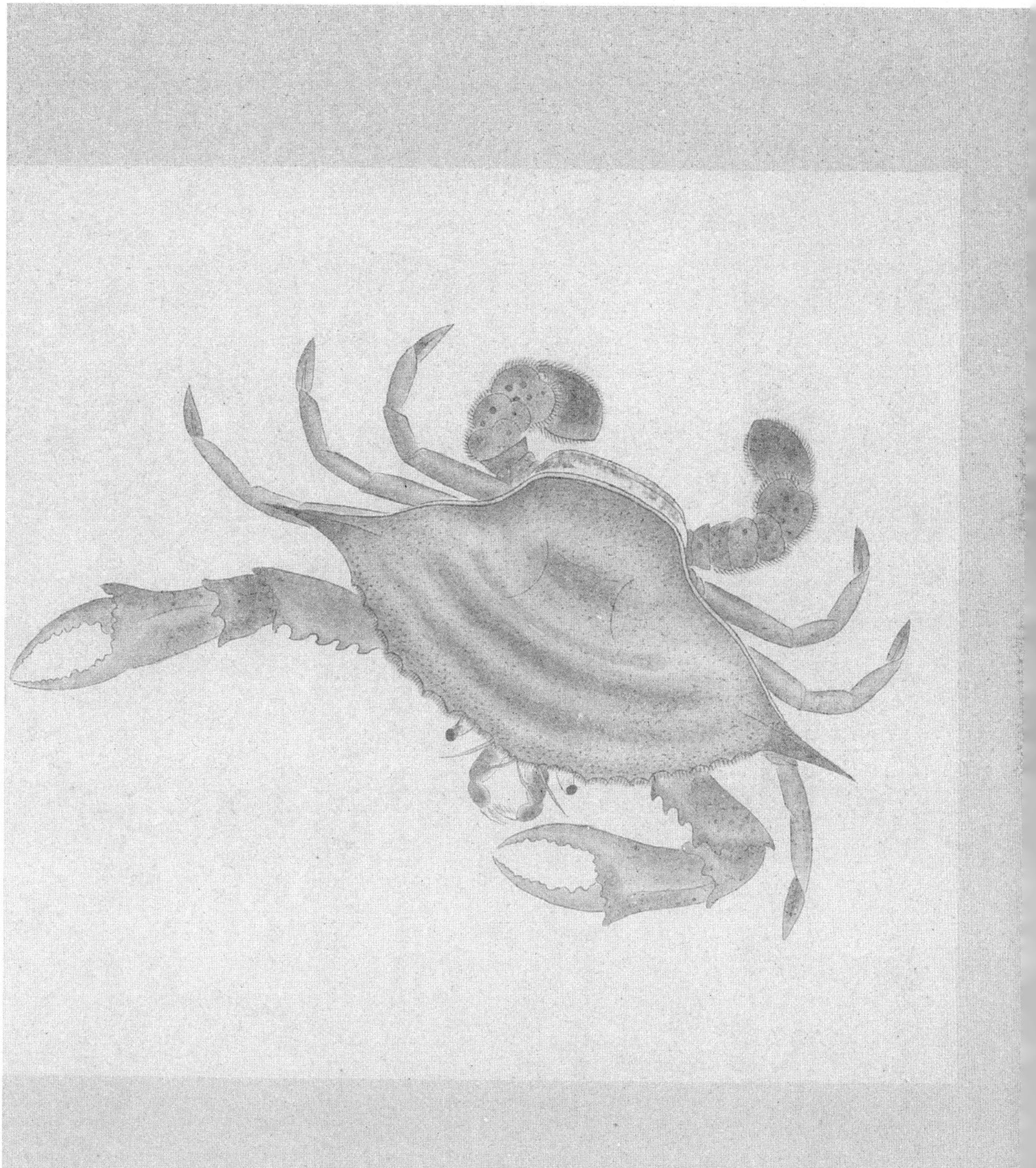

膏蠘者閩中有膏之蠘也三四月將孕卵之候其膏甚滿較吾浙寧台溫之蠘爲巨其卵甚繁大約皆發於南海而後及東海蠘至此偉極矣生子後多死故無更大於此者閩志有蠘即此字彙曰蟲名爾雅類書之內無可考

本草註云潤殼而多黄者名蠘生海中其螯最銳斷物如芟刈焉扁而潤大後足潤者爲蝤蛑嶺南謂之撥棹子以後脚如棹也若此則蝤蛑即撥棹呂亢蟹譜又何爲別蝤蛑自爲蝤蛑撥棹自爲撥棹哉予深維其故呂亢蟹譜存名十二種内無蠘名撥棹非蠘孰敢當之故兩圖撥棹于蝤蛑之後以明撥棹之所以爲撥棹非無據矣考閩誌物產巻福興漳泉福寧州四府一州並有蠘本草註所謂生南海中似矣獨以蝤蛑爲撥棹則誤呂公蟹譜別類分門必有確見本草註未經深考遂使蠘失撥棹之名而并失撥棹之實予故圖膏蠘矣而復圖撥棹而兩申其義

福州膏蠘贊

春潮含膏巨腹膨脝
味三山蠘勝五侯鯖

篆背蟹産福寧州海塗背淡黑色而白紋如篆書
不在食品不入誌書予於蠣肉内偶見而識之

篆背蟹贊

黑背白紋有篆如寫
小現圖書追踪龍馬

廣南瓊崖海中有蟹殻紅色巨者可為酒觴頗不易
得此一種紅蟹也越中有蟹名石蛔足殻皆赤狀如
鵞卵此又一種紅蟹也兩者皆非吾譜中所謂紅蟹
譜中所圖其形似蟛蜞四五月繁生山澗及江湖邊
或大澤蒲葦中常愛玩而為慈蝌作咏

燐火星〻澤畔燒夜行無燭亦通宵山谿誤認桃花
落御苑驚看紅葉飄豈是鮫人揮血淚還疑龍女剪

朱絹石崇擊碎珊瑚樹遍撒江湖泛海潮曾以此詩寄友人友人答書云昔孟浩然咏春眠不覺曉處ゝ聞啼鳥夜來風雨聲花落知多少誚之者曰此瞽目詩也今見紅蟹之作八句皆從想像不又成眇目之詩乎予苦近視老傖故訊之

紅蟹賛

有蟹觸目不黄不緑
含膏外泛未煮先熟

飛蟹狀如金錢蠏產廣東常以足束並如翼從海面擧飛漁人以網獲之其味甚美類書及廣東新語皆載

飛蟹賛

有足不行無翼而飛
粤東奇產他處罕希

鬼面蟹産浙閩海塗小而不大有而不多其形確肖鬼面合睫而竪眉豐頤而隆準口若超頷頸如際髮前四足長而大後四足短而細他蟹之臍全隱腹下故八跪盡伏此蟹之臍小半環背故四足掀露其行也挺背壁立而腹不着地獨與他蟹異疑為螺中化生故無卵而盛於夏秋間也或稱閻王蟹或稱孟良蟹或稱蚩尤蟹皆以面貌相像之此蟹呂亢所不及詳陶穀所未嘗食古人罕議及此豈以蟹形鬼面絶無妙義存於其間故置勿道乎然甲胄之旁紀自宋書彭越之名推於漢代又何鬼面一蟹之無關至理乎苟不研窮其故則覩詭異蟹終不能無疑爲著鬼面蟹辨

嘻異哉蟹曷為乎有鬼面耶曰無異也自三才分而物數號萬肖象者多矣一果核也而太極含形一鳥卵也而天地混象陽實也而乾道成男陰虚也而坤道成女本乎天者親上而鳥羽如木葉本乎地者親下而獸毛如野草宇内人物無不就太極陰陽五行分類以肖而蟹體尤全身其太極也螯其兩儀也八足其八卦也八月輸芒以應氣候皆十二星以應地支直以龍馬之負圖神龜之出書比美又匪獨象感捦光虎符太白鯉合六六龍合九九始為物理之精微上通元造哉若夫鬼面特幻奇容乎感穿無奥義未必非蚌中羅漢螺内仙姝意有所屬形隨物寓可類覩也更以雷州之雷推之夫雷天地陰陽搏激之氣也而江赫仲謝仙爰有雷神之名亦遂有雷神之形雷神之形其首如彘而有翼但鼓動而聞神自為神與物初無與也乃雷州之地古號産雷之鄉雷

崎蟹産福寧州海岩於石隙間作穴甚窄隘欲捕者手不能入取之甚難而避之亦深海人置鐵鑽戳死鈎出殻緑色甚堅而煮之亦脆内有紅膏稱珍品焉冬多夏少

鬼面蟹賛

蟹具面靨
莫褻閻王
絶類蚩尤
浪比孟良

崎蟹賛

他蟹生擒
爾以死拒
比之田横
其志可取

當發生於土考雷郡英靈岡有物名雷多生地中如彘狀秋後伏氣土人掘得不顧忌諱常烹而食之苟非神雷鍾氣結形胚胎烏能若斯然則鬼面之蟹要必有正大剛氣鬱塞兩間靈識偶爾依憑物類於焉照象異代遷流漫沿廣斥即雷以推要當稽此而況虞初百家言實有蚌中羅漢螺內仙姝歷歷並傳神異者乎則鬼面之為鬼面肖像如此其真不可為無所托也舜殛鯀而鯀化黃熊黃戮蚩尤而蚩尤為蟹也亦可

蟛蜞江浙皆產織黑叢毛其狀醜惡不充庖廚食之令人作嘔所以爾雅不熟悞啖遺羞蔡謨前車已鑒往昔此呂亢譜諸蟹獨位置蟛蜞於末賤之也惡之也非有所取也然閩廣蟛蜞又可食往往醃沒以市山鄉南荒邊海物性變易又自如此可為疏爾雅者作圖外註

蟛蜞贊

不讀爾雅
悞食蟛蜞
閩廣不然
物理之奇

昔呂亢譜蟹十二種以
蝤蛑居第一謂其形獨
偉乎惜其圖與説失傳
但存其名而已蝤蛑一
名蝤蠓閩人呼之為蟳
然考字彙韻書無蟳字
閩中四季俱食云宜人
即病夫産婦亦需之非
毛蟹比也宴客亦以之
佐餚浙東冬春始盛杭
俗鮮有偶得珍之號曰
黄甲廣東亦産賈人乾
之其色大赤以携入雲
貴四川莫不驚異傳玩
不已此蟹較他蟹獨大
殼廣而無斑螯圓而無
毛前四鬚如戟後匾足
若棹背有二十四尖與
鯉之三十六鱗並付殊
形是以有鬪虎之異然
閩小魚反能食之亦可
怪也
蝤蛑贊
蝤蛑巨體蠏中之豪

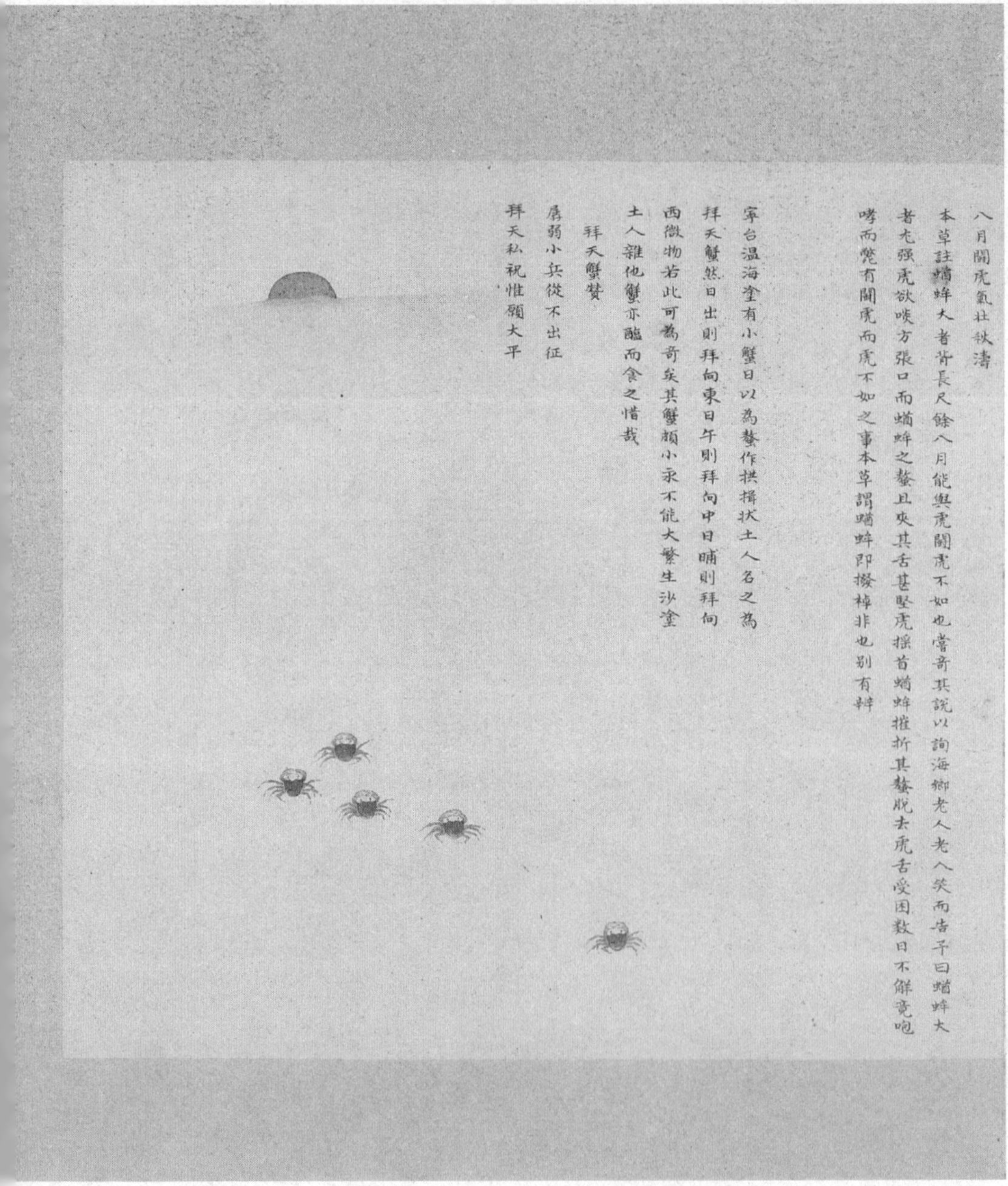
八月鬬虎氣壯秋濤
本草註蟳蟳大者背長尺餘八月能與虎鬬虎不如也嘗奇其說以詢海鄉老人老人笑而告予曰蟳蟳大
者尤強虎欲啖方張口而蟳蟳之螯且夾其舌甚堅虎摇首蟳蟳摧折其螯脱去虎舌受困数日不解竟咆
哮而斃有鬬虎而虎不如之事本草謂蟳蟳即撥棹非也别有辨
寧台温海塗有小蟹日以為螯作拱揖狀土人名之為
拜天蟹然日出則拜向東日午則拜向中日晡則拜向
西微物若此可為奇矣其蟹頗小汞不能大繁生沙塗
土人雜他蟹亦醢而食之惜哉
拜天蟹賛
孱弱小兵從不出征
拜天私祝惟願太平

和尚蟹俗名也剖之無肉不可食背突而高若
老僧頭顱狀故以和尚名子即和尚作頌曰有
物類僧充首問爾此中何有一日潮來脫殼解
脫此身無垢

和尚蟹贊

若海無邊何難莪渡
若經棒喝頓教覺悟

類書云蟛蜞一名蟛蜎又名蟛蝑浙東呼
為青蜞凡近海之鄉皆有吾鄉錢塘海塗
冬春尤繁販夫醃浸呼鬻于市漢書稱漢
王醢彭越賜九江王布食佽覺而哇于江
變為小蟹遂名蟛蜞誠然乎但謝豹化虫

杜宇化鳥牛哀化虎鯀化黄熊又安知彭
越之不化爲蟹也

蟛越贊

彭越幻蟹雄心未罷
意托横行千變萬化

蟦蛣非海月也產廣東海濱白沙中性最
潔不染泥滓其形如蚌青黑色長不過二
三寸有兩肉鬚如蟶小蟹常在其腹每出
取食蟹飽則蟦蛣亦肥郭璞謂蟦蛣腹蟹
葛洪謂小蟹不歸而蟦蛣敗是也廣東新
語名月蛄又名共命螺遇臘則肥美益海
錯之至珍也

蟦蛣腹蟹贊

西山有鳥與鼠同穴
南海有蟹腹於蟦蛣

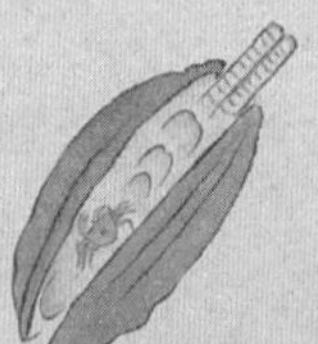

擁劔其螯一巨一細巨者如橫刀之在身故曰擁劔俗名遮羞以大螯嘗蔽曉前也雌者兩螯皆小惟雄者一巨一細耳呂亢之譜次擀棹而先蟛蜞重武偹歟四言之贊不足以盡更為之作傳

郭汾陽後有佳公子博帶翩翩豪放不羈能為青白眼口善雌黃人物而身無長技向蛙學書性苦躁未能黽勉從事學書竟不成其父兄族黨盡介士也曰螳執斧而蜣弄丸螢懸燈而蛛布網皆能執一技以成名大丈夫安事毛錐哉乃勸棄書學劔公子欣然披重鎧佩干將時就公孫大娘舞而技日益進將門子學書雖未成無慮擁劔又不成也得卒業遂終其身以擁劔名

擁劔蟹贊

經營四方勇力方剛

撫劍疾視彼惡敢當

蝦蟇蟹不繁生八足常斂而促二螯常竪而聳其背昂然儼若一蝦蟇也且其行趯趯亦若蛙步故名産閩中海濱

蝦蟇蟹贊

但走不跳亦坐不吽
混入池塘公私難較

毛蟹食品也多生於海傍田河中江北謂之螃蟹浙東謂之毛蟹以其螯有毛也北自天津以達淮揚吳楚南至甌閩交廣無不產焉但江北者肥而大閩粵產者小而不多蟳蠘反繁生焉淮揚之間五六月即盛不必橘綠橙黃也閩粵冬月孕卵膨脝早於江浙河北地暖使然不獨李梅先實已也

毛蟹贊

雄曰蜋螘雌曰博帶
錢崑嗜爾官求補外

予蟹譜中序甚多皆冗長不便附賸今止錄婦翁丁叔范序及自序二篇於後

婦翁丁叔范序曰昔張司空茂先在鄉閭時著鷦鷯賦既嗣宗見之嘆為公輔才夫鷦鷯微物也其咏之者亦渺小矣而識者碩以公輔期之何哉蓋其所賦者小而其所寄托甚遠也聶子存菴余門下倩玉也好古博學每遇一書一物必探索其根底覃思其精義而後止一日自寧台過甌城見蟹之形狀可喜可愕者甚衆土人悉能舉其名因取青鏤圖之并發抒其心之所得與所欲言者著之於冊使當世有嗣宗其以青眼讀之耶其以白眼視之耶抑亦以公輔期之而與張司空埒耶余皆不得而知之也焉況曰良工不示人以朴且從所好予於聶子蟹譜當亦云然

附蟹譜圖說自序

蟹之為物禹貢方物不載毛詩咏歌不及春秋災異不紀然而蟹筐蠶績引附檀弓為蟹為鱉係存周易三代而下載籍既廣稱述不一大元著郭索之名搜神傳長卿之夢捻梓錄妝嶺表擁劍賦入吳都化漆為水博物志也懸門斷癰筆談及之蟹醢既於說文蟹螯稱於世說淮南知其心躁抱朴命以無腸酉陽識潮來而脫殼本草論霜後以輸芒蟹經吾夫子定禮贊易而後其說不亦廣哉而未已也介士為吳俗之別名鈴公為青樓之隱語呂亢敘一十二種之形仁宗惜二十八千之費忠懿疊進惟其多矣錢崑補外又何加焉此半殼含紅之句既欣慕於長公而寒蒲束縛之吟寧不垂涎於山谷也耶若夫旁搜雜類窮極遐荒則寄生於蚌者有之化生於螺者有之力能鬭虎者有之智可捕魚者有之而且螯若兩山述於廣異身長九尺詳及洞冥姑射之區大稱千里善化之國繁生百足建寧志載直行獨異鼂鼊島產飛舉猶奇雖然盡信書之不如無書也聞知不若見知之為實也獨玩之不若共賞之之為快也戊午過甌把玩諸蟹得摹其形謾成斯譜聊為博物君子一噱云爾

蟹盡則續以蝦蝦盡則繼以蟹雜乎其為繼
續矣乃有蟹以蝦公名者介乎其間是蝦
背綠而螯黄後足扁如蟳頸上有堅刺一條
如鋸一如蝦首之所有無異故以蝦公名週
殼一圈皆尖刺與他蟹不同訊之瑞安銅盤
山麓海濱産此漁人偶得之亦不多覯訪之
福寧云亦有蝦公蟹

蝦公蟹賛

蟹本是蟹蝦本是蝦
蟹冒蝦形混成一家

予著蟹譜原謂蝦之與蟹合體而異名者也所以蟹之背即蝦之頭蝦之身即蟹之臍也故蟹黄在背而蝦膏亦在腦其目突背亦正相等公子號無腸蟹將軍又豈有肝胆耶其鉗爪鬚足亦彷彿相似特長之與短有異蟹體短也故以横為直蝦身長也故以退為進其行止並與水族相反造物主經營萬象而至於介蟲之蝦蟹伸之使長則為蝦揉之使短則為蟹遂令千萬年永為定格不令世有短蝦長蟹而失真也客閩以來得見縮頭之蝦尚未足以抗蟹及覩拖尾之蟹適正可以論蝦其蟹產福寧海濱小僅如豆處陸與蟹無異在水則伸臍斂足直行而游如蝌蚪狀其色背青而鉗足黄牧兒捕得試於盤中甚怪逮寧志載有直行蟹殆其類歟予謂可以助吾蝦蟹共體之說故録蝦蟹交接之間自茲以還蝦與蟹慎毋曰異體而不親

拖臍蟹贊

蟹臍斂腹種類相襲
拖尾變形噬臍何及

蜻蛉一名蜻蜓本草雖云有五六種大約多從水中
化生淮南子曰蝦蟇為鶉水蠆為蟌蝦蟇化鶉鶉其
說詳述羽虫内兹不多贅蟌篇海註云蜻蛉也水蠆
雖不專指蝦而蝦為水虫化生其說已見於淮南子
矣本草載崔豹云遼海間有蟲虫如蜻蛉名紺蟠七
月羣飛闇天夷人捕食云是蝦化為之按此種蜻蜓
色紅吳楚浙閩亦常於夏秋天将雨則匝野紛飛不
獨遼海也大都青色是蜻蛉紅色者為紺蟠崔豹之
說又可與淮南相發明又考衍義云蜻蛉生化於水
中故多飛水上杜詩云點水蜻蜓欵欵飛合三說而
觀之蜻蜓之化自水虫大要不離乎蝦者近是雖然
水虫之善化豈獨蝦為然哉蚊蚋之為物也亦同乎
蜻蛉之化自蝦爾雅翼謂蚊乃惡水中孑孓所化孑
孓音決結即吳俗所謂觔斗虫是也在水頭大而身
細已具蚊體但少翅足耳多生夏秋雨水中或謂吳
俗常貯霉水於瓮甕雖封閉甚密而此虫無種自生
何歟曰此雨水化生之虫如蟣蠓細虫字書云因雨
則生又南越志云石蜐得春雨則生花蓋雨水之妙
能化生也或謂蚊母鳥蚊自口中吐出蝱母草蚊自
葉中包裹而生並無水虫所化無端而自出何歟不
知此雨水歸池澤瓶盎則為池澤瓶盎之水而虫生
也鳥當是時而飲此水有素袋以畜之草當是時而
披此水有隙孔以留之又安知雨水生虫之理不即
分寄於草葉鳥腹以為池澤以為瓶盎孕而為孑孓

蝦化蜻蛉贊

蝦學鯤魚飛欲鵬比
恶居下流水窮雲起

散而為蚕蝱孚總之蜎飛蠕動皆屬雨水化生又豈特百谷草木沐雨澤之神功哉君子之教孟子比之雨化註云潛滋暗長止據有形而化而不知更有無形之化百穀草木之發生有形之化孑孑蠛蠓之無端而生無形之化也夫化至無形而能為有形可為神矣是豈雨水之性能然哉龍為之也夫蝦化蜻蛉細等孑孑之為蚊大比鯤魚之為鵬可以引伸而觸類者如此若夫龍之變幻即據雨水而言其奥妙不可以言語形容故但擬之為萬化之宗云

考彙苑有蝗虫化蝦之說然蝗盛之時農人往往羅食亦同蝦味類書載吳俗有蝦荒蟹兵之語蟹兵者言蟹披堅執銳繁盛之地多有兵兆此理易明也蝦荒之謗所不可解及考蝗可化蝦而得悉其故矣蓋久潦未必不多蝦久旱未必不多蝗天道旱後常多潦潦後又常多旱此水潦旱蝗相繼而及也潦固多蝦而旱年之蝗亦能變蝦潦與旱總皆以蝦兆故曰蝦荒九蝗化蝦蝗入水鮮其蛻所存之内則為蝦考杜臺卿淮賦亦云蝗化為蝦雄化為蜃云

蝗虫化蝦賛

蝗虫入海德政所致
化而為蝦其毒不熾

閩海有一種大蚶蝦身紅而蚶粗短鬚亦不長特異諸蝦不知何物化生也

大蚶蝦贊

蝦小蚶大狀如擁劍
莫邪干將雙舞海面

綠蝦産外海淡水大洋邊海之蝦止有龍蝦色綠其餘不過紅白黃紫而已海中無黑蝦淡水中多有之彙苑云閩中海蝦五色而不為分出以今改之果有五色更有襍色不同是又在五色之外者也

淡洋綠蝦贊

蝦具五色紅白紫黃
四彝將軍一綠衣郎

海中有一種蝦虱畧如蝦狀而輕薄頭殼前尖後濶而空張身尾如蝦無肉兩目長豎而立若臂有尖刺常把蝦腹吮其涎而蝦爲之困海人悮稱爲蝦虎非也

蝦虱贊

水中有虱常爲蝦患
腹底藏身射工難貫

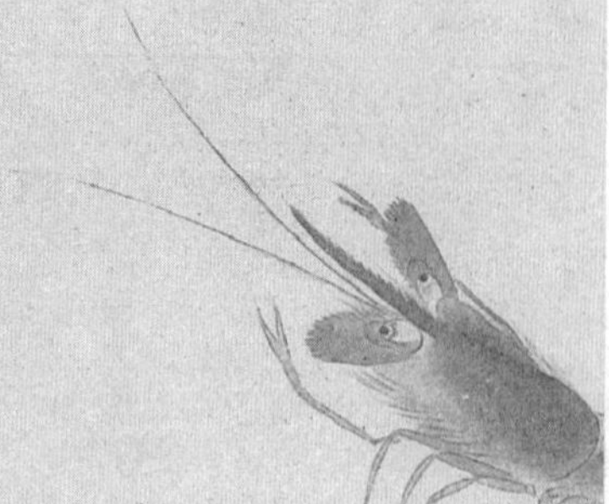

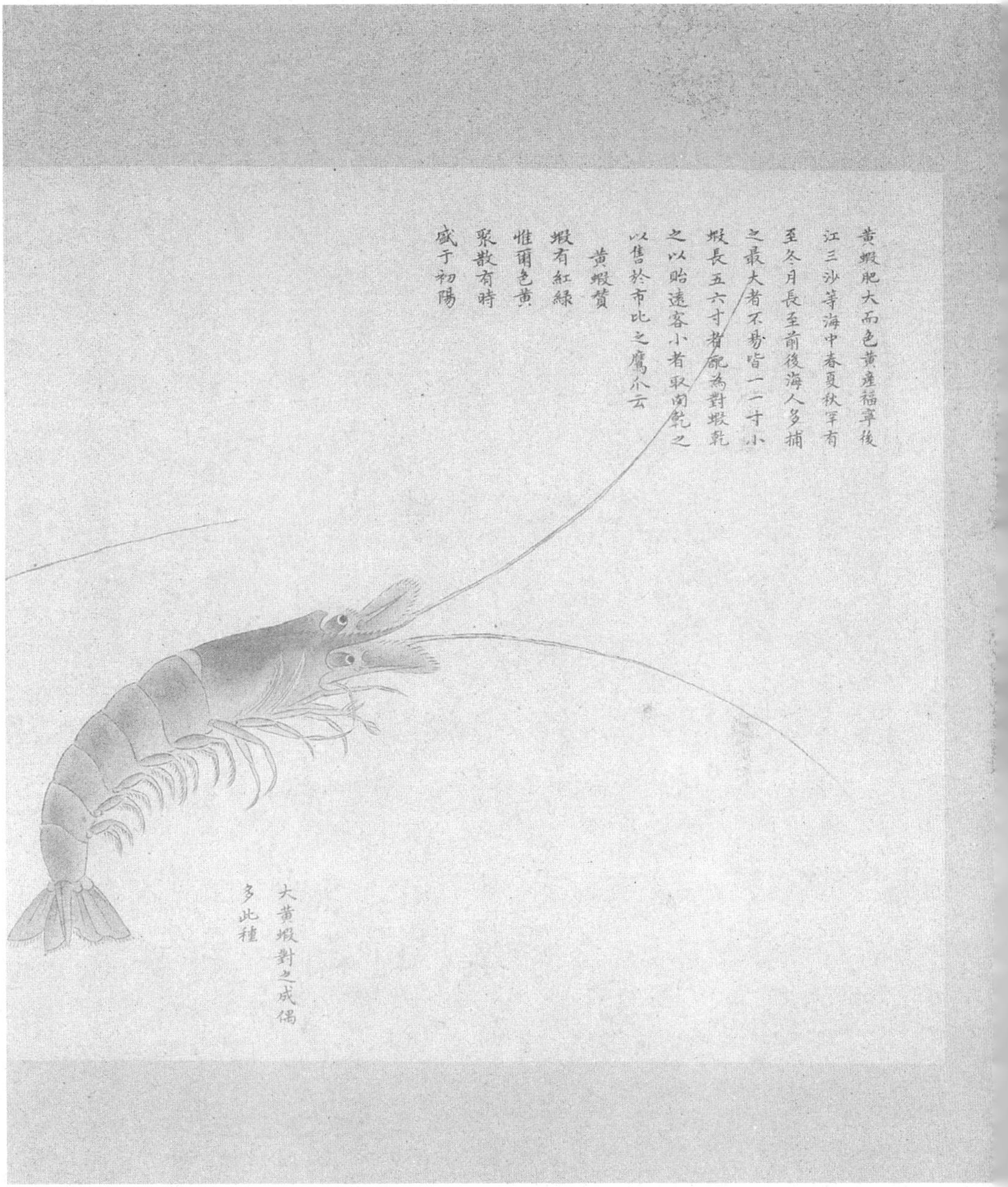
黄蝦肥大而色黄産福寧後
江三沙等海中春夏秋罕有
至冬月長至前後海人多捕
之最大者不易皆一二寸小
蝦長五六寸者配為對蝦乾
之以貽遠客小者取肉乾之
以售於市比之鷹爪云
黄蝦賛
蝦有紅緑
惟爾色黄
聚散有時
盛于初陽
大黄蝦對之成偶
多此種

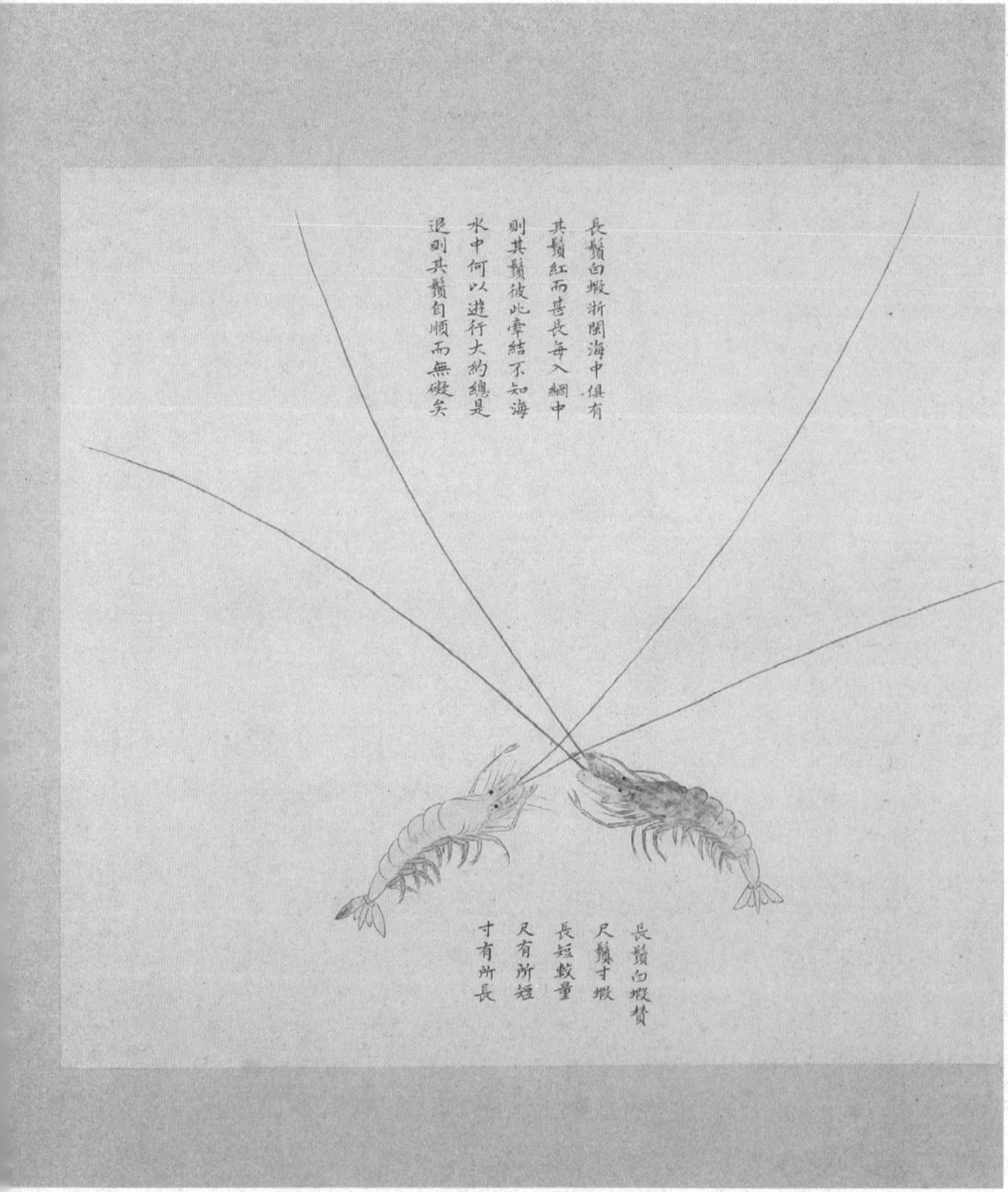
長鬚白蝦浙閩海中俱有
其鬚紅而甚長每入網中
則其鬚彼此牽結不知海
水中何以遊行大約總是
退則其鬚自順而無礙矣
長鬚白蝦贊
尺鬚寸蝦
長短較量
尺有所短
寸有所長

閩海有一種縮頸蝦色紅而身短
鬚蛸不長常雜於白蝦之中詢之
海人不知其名蓋變種也

變種蝦贊

蝦有變種身短頸縮
意氣不揚如有顰蹙

本草曰大紅蝦産臨海會稽大者長尺鬚可爲簪
虞嘯父荅晉帝云時尚温未及以貢即會稽所出
也李啟䏶曰閩中泰甚海上亦每有紅蝦長尺許
大紅蝦賛
赬尾魚勞紅號在蝦
若非浴日定是餐霞

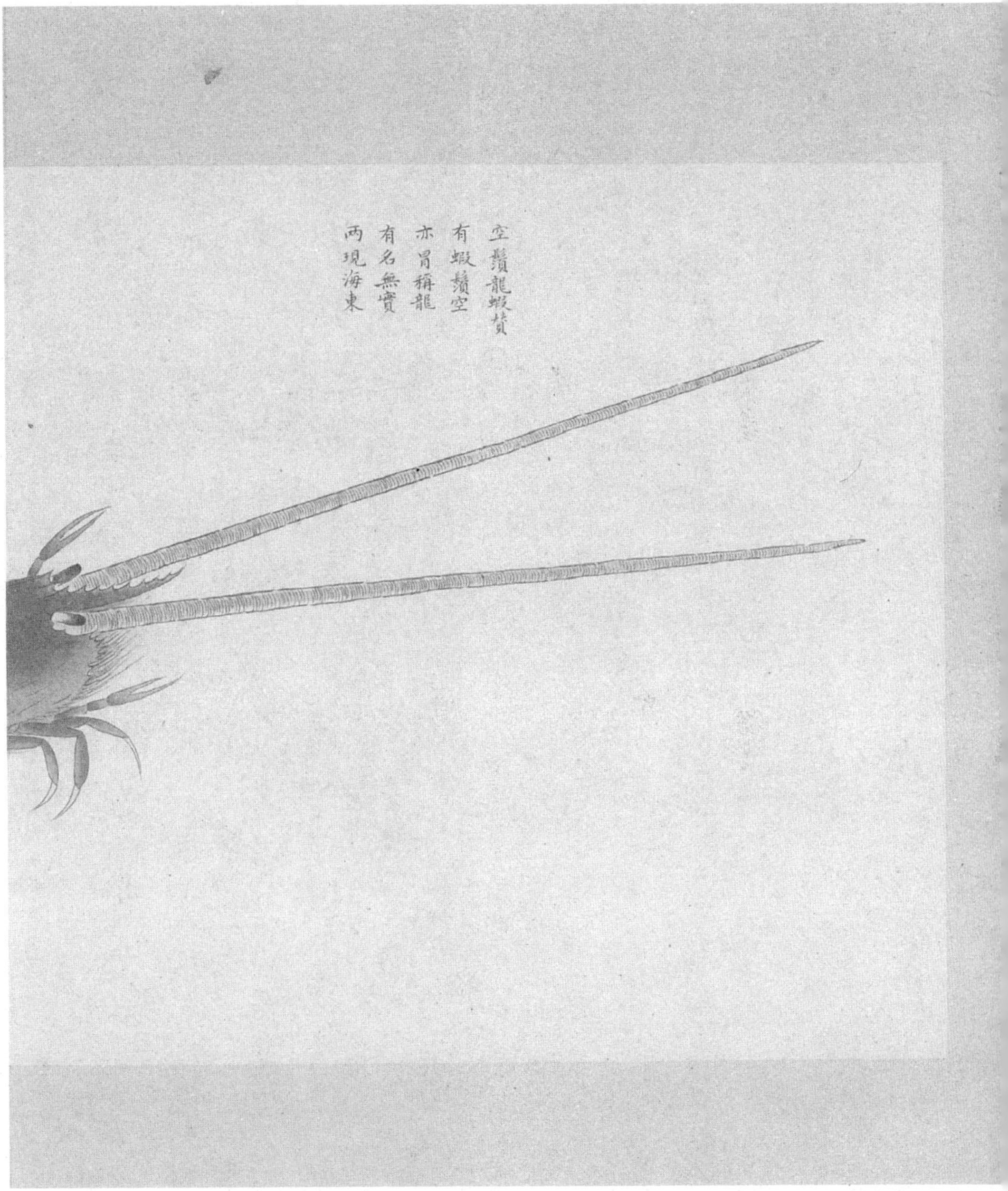
空鬚龍蝦贊
有蝦鬚空
亦冐稱龍
有名無實
兩現海東

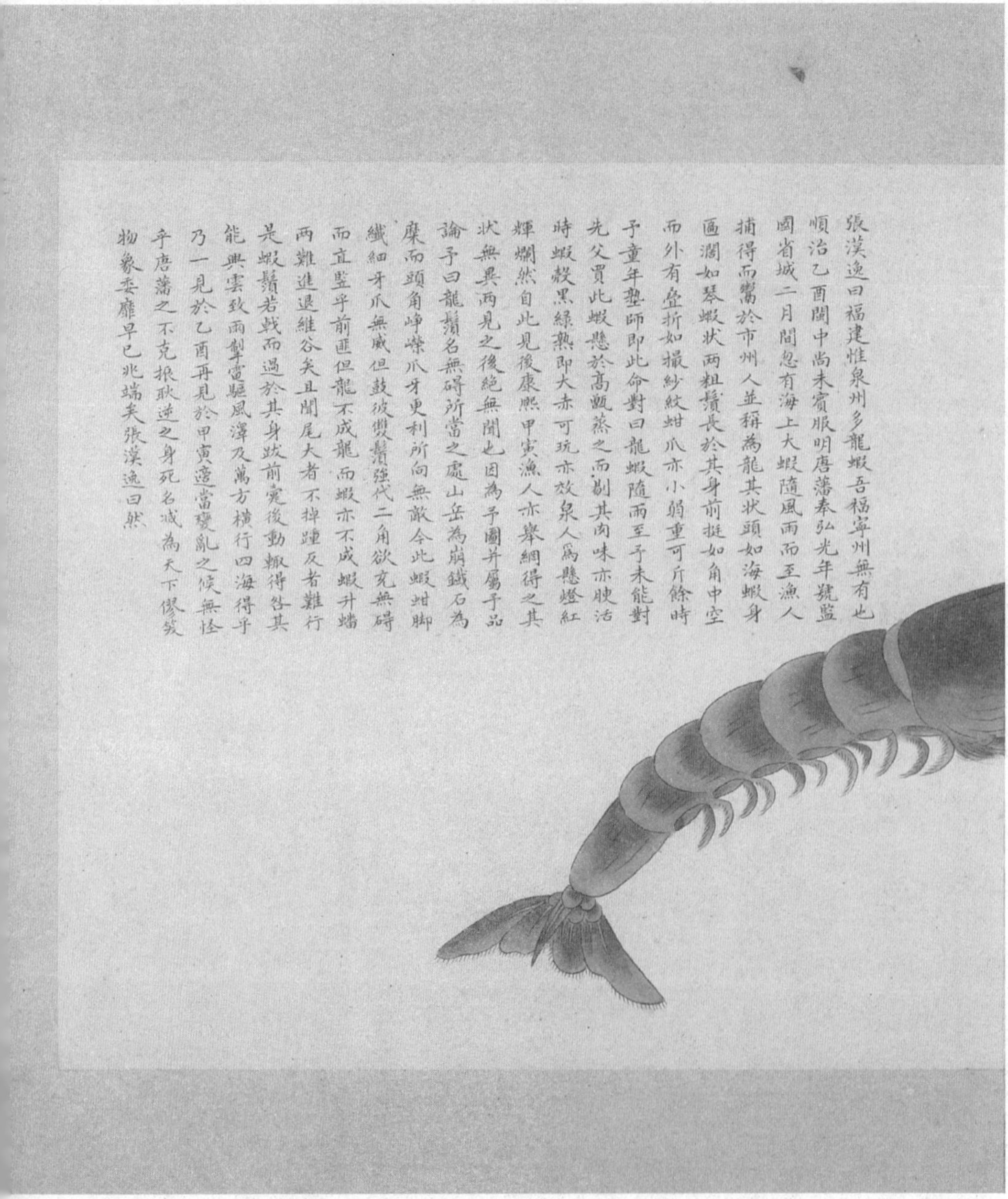
張漢逸曰福建惟泉州多龍蝦吾福寧州無有也
順治乙酉閩中尚未賓服明唐藩奉弘光年號監
國省城二月間忽有海上大蝦隨風雨而至漁人
捕得而鬻於市州人並稱為龍其狀頭如海蝦身
匾濶如琴蝦狀兩粗鬚長於其身前挺如角中空
而外有盘折如撮紗紋蚶爪亦小約重可斤餘時
予童年塾師即此命對曰龍蝦隨雨至予未能對
先父買此蝦懸於高甑蒸之而剮其肉味亦腴活
時蝦殼黑綠熟即大赤可玩亦效泉人爲懸燈紅
輝爛然自此見後康熙甲寅漁人亦舉網得之其
狀無異兩見之後絕無聞也因為予圖并屬予品
論予曰龍鬚名無碍所當之處山岳為崩鐵石為
糜而頭角崢嶸爪牙更利所向無敵今此蝦蚶脚
纖細牙爪無威但鼓彼儌鬚強代二角欲充無碍
而直豎乎前匪但龍不成龍而蝦亦不成蝦升蟠
兩難進退維谷矣且聞尾大者不掉踵反者難行
是蝦鬚若戟而過於其身跋前寃後動輒得咎其
能興雲致雨掣雷驅風澤及萬方横行四海得乎
乃一見於乙酉再見於甲寅適當變亂之候無怪
乎唐藩之不克振耿逆之身死名滅為天下僇笑
物象委靡早已兆端矣張漢逸曰然

天蝦產廣東海上狀如蛾而有翅常飛于天入海則盡為蝦或為黃魚所食
亦稱黃魚魚海人捕其未變者炙食之甚美

天蝦贊
蝦不在水乃遊于天
居然羽化蟲中之仙

琴蝦一名蝦蛄首尾方匾殼背多
刺能棘人手大者長七八寸活時弓
其身善彈人首有二鬚前足如螳
臂閩人於冬月多以椒醋生啖至三
月則全身赤膏名赤梁蝦蛄煮食
肥美尤佳閩志載有蝦蛄即此也篇

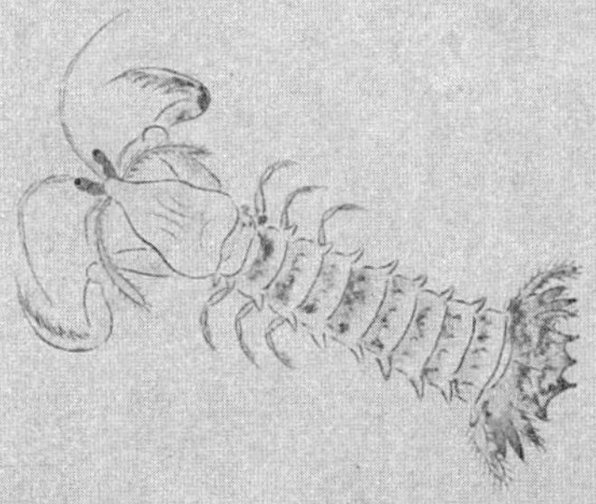

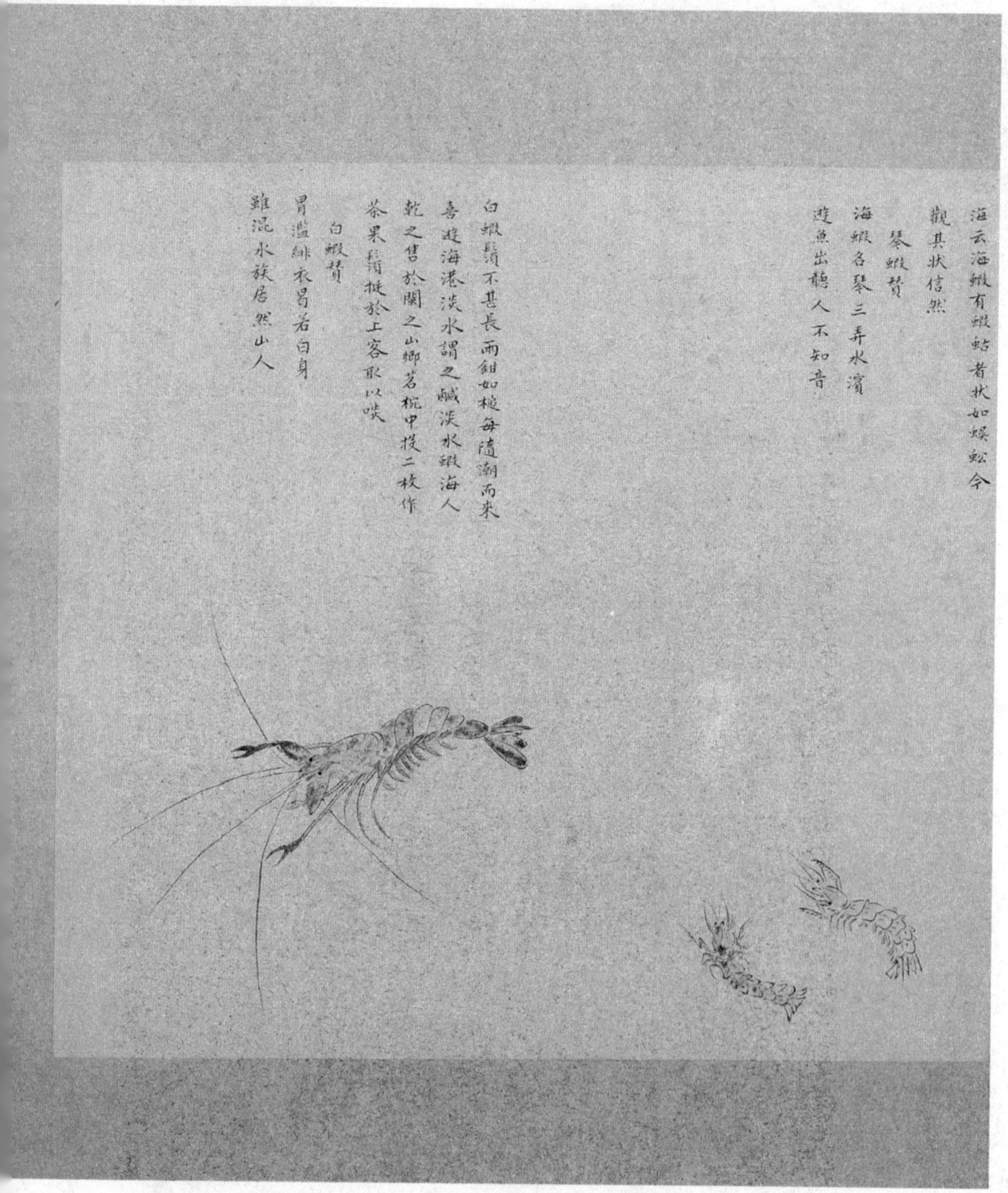
海云海蝦有蝦蛄者狀如蜈蚣今
覩其狀信然
琴蝦賛
海蝦名琴三弄水濱
遊魚出聽人不知音
白蝦鬚不甚長兩鉗如槌每隨潮而來
喜遊海港淡水謂之鹹淡水蝦海人
乾之售於閩之山鄉茗椀中投二枚作
茶果鬚挺於上客取以啖
白蝦賛
冐濫緋衣昌着白身
雖混水族居然山人

紫蝦身上細點皆作紫色
目圓大而尾上紅黄青白
四色如繪可玩海人亦稱
爲赤蝦
紫蝦賛
紫襖緗裙蝦中妃嬪
常隨魚妾伴海夫人
紅蝦色帶赤産閩海最利糟醃
肉堅而殼硬耐久不壞故也用
磨爲醬尤佳楊州有一種蝦醬
皆磨小蝦爲之初作臭不堪聞

叢過夏然後香美
紅蝦贊
有火星星水底常明
閩稱炎海是以不冰
白蝦苗盛於夏秋一叢則舉網皆
盈大船小舟載至沙塗晒之日色
剛烈不崇朝而乾燥如銀鉤閩中
福寕海上甚有呼為虾乾者江浙
有一種黃色者呼為蝦皮亦此類
也福清出一種小白蝦粲然如玉
產化南里海上此蝦如法醃藏過
夏香美異常明葉文忠公當國時
每令家僮各以小甑封致僚屬競
羨難得擬之雪蛆云
白蝦苗贊
白面書生何多如許
龍王好賢三千朱履

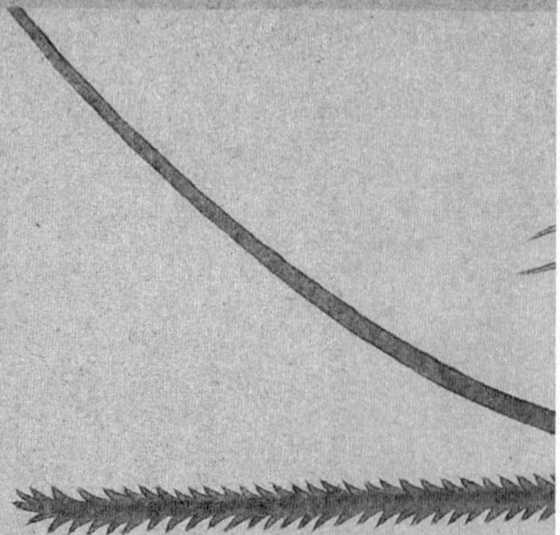

龍頭蝦賛
蝦翻春浪
頭角崢嶸
梁灝狀元
龍頭老成

龍頭蝦考爾雅及諸類書無其名閩志惟漳泉載攷
泉南雜志云蝦有長一二尺者名龍頭蝦肉實有味
人家掏空其殼如舡燈懸掛佛前而不言其狀訪之
閩人云仍是常蝦形但首巉巗耳泉人孫飛鵬邂逅
福寧為予圖述云蝦名龍頭其首巨而有刺額前有
一骨如狼牙上下如鋸而甚長兩蚶亦多細刺斐頻
亦堅壯其餘身足皆與常蝦同小者土人亦如常烹
食不足異也在水黑綠色烹之則殼丹如珊瑚可愛
字彙云蝦之大者名鰝蓋指海蝦也云蝦長二三尺
鬚可為簾山堂肆考有蝦鬚簾或別是一種大蝦非
龍頭蝦也泉郡陳其謂蝦額前長刺在水分為兩條
即入網活時亦能彈開其刺以螫刺人斃則合而為
一其實兩條長刺也

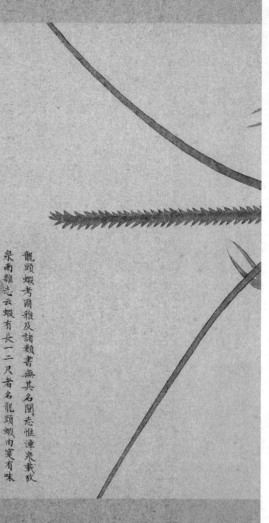

安南紀略

安南紀略

〔清〕查禮 撰

清抄本

安南紀畧序

棣自淮拏舟萬里抵西粤太平郡郡界西南絶徼内撫綏諸酋蠻外拊交人之背銅柱昭德臺鎮南大關皆隸焉夫馴習土人之獷悍難控制外藩不動聲色則尤難非有文武威德重望者往往不治距舟渚里許麗江書院矗峙為郡伯查公造士之所因往遊焉岸上墟市喧闐樵夫牧豎歌吟互答院屋嚴嚴翼翼書廚碑記森列童冠温文如中土竊怪郡自宋元明邊宇訌侮之日用武之地也嘗敝師縻餉人畜數十萬轉粮數千里抵塞上其山谷谿險詭不得其要領回惑不敢進而敵乘便奔突環郡為戰塲甚或旋得旋失驛騷蹂躪郡無寧歲今鋒鏑静而教化興雖 國家聲靈無遠弗届而塞外之昔事今情必守土者燭照數計而後動静晏如絃歌化起昔魏尚守雲中狄人不敢

窺邉謝安石詩酒觴咏談笑楸枰留而却秦兵百萬湛來衡邉境安國家不在魏闕超乘之夫大率書生也是冬公校武邉上得拜謁龍州使館坐語款洽蔚然書生也議論洞貫今古揭經史之要指畫經綸施設之方袒分不倦棟踪跡飄蓬私幸不負萬里遊者此夕耳各賦詩别太初春棹舟請謁得公著作讀之一日以安南紀畧授棟曰此予守太平郡手編也譬虎卧於門先事偵其巢穴習于搏擊之術脱有警兔唖人之盗耳然後知農休于野士遊于庠酋長服教畏神無桴鼓之驚士女得以嬉遊咏歌者太守未雨綢繆之計至溪遠也自古守邉之道百年無事不以為安而邉外沉翳寥廓形勢情僞如在目前聚米為山馬援以度隗囂建樓以畫德裕以服南詔讀紀畧一書安南在目矣若夫儆綱目釐其世系大而秩官兵師細及服輿物産

義例嚴而考据核又豈文字章句之士祈能窺其底蘊哉山陽

任棟

安南沿

唐虞	書曰宅南交傳曰即南方交阯之地
三代	禮王制曰南方曰蠻雕題交阯其南即越裳氏地
秦	象郡地後併入南越
漢	交阯九真日南三郡地設太守領以交阯刺史後改交阯為交州三國時屬吳晉置武平九德新昌三郡
六朝	晋宋齊因漢之舊梁改九真為愛州陳因之隋改日南為驩州俱設刺史
唐	高祖置交州總管府領交峰愛仙鳶宋慈險道隆十州高宗改安南都督府增置武安南登二州肅宗改鎮南都護府尋改安南都護府有經畧都護刺史等
五代	静海軍一據於曲顥再併於南漢尋州将互相篡奪歷梁唐晉漢周皆自稱節度不由中朝除拜
宋	初為静海軍太祖始封其渠丁部領為交阯郡王克節度子孫世及納貢請封比于外夷歷丁黎李三姓高宗進封李天祚安南國王賜安南國印安南始為
元	安南國陳氏王之
明	安南國太宗平黎季犛設交阯布政司置交州北江諒江三江大原宣化建平新安建昌奉化清化鎮蠻諒山新平義安順化新華十七府領州四十七縣一
國朝	安南國康熙二年都統使黎維禔內欵復封為王迄今因之其地自設安邦諒山大原宣光山西諒北海陽興化山南清華乂安順安廣南十三道承政使司

畧表一

官懿宗改靜海軍設節度使

國後李氏絶其壻陳氏繼王

百五十四衛十所十二宣德中復其國封黎氏為王嘉靖中因莫氏簒亂降為安南都統使司

領五十二府四十三州一百七十一縣

安南世系表

安南自秦入版圖尚屬羈縻至漢設刺史太守以後除拜皆由朝廷裒然中土郡縣也斯土之割據始於唐末之藩鎮迨丁部領自王宋因而封之遂屏為外彞當時平諸僭國獨棄此土外而不内者蓋不欲窮兵畧遠與斧畫大渡同一意也明成祖戡定禍亂復古郡縣僅二紀再淪於夷溯自丁氏王者已數易姓今綜其顛末系其世次以部領為始

宋

丁部領 初據交阯自稱大勝王入宋封交阯郡王充静海軍節度領鎮三年

璉 部領子嗣封領鎮八年

璿 璉弟嗣立未受封大校黎桓篡之

丁氏三傳十一年始太祖開寶元年戊辰終太宗太平興國三年戊寅

黎桓 篡丁氏而自立太宗討之不利尋上表謝罪封交阯郡王領鎮二十八年卒命立中子龍鉞鉞弟龍廷殺之自立

龍廷 桓季子弑兄龍鉞自立尋受封領鎮賜名至忠四年為大校李公蘊所篡

黎氏二傳三十二年始太宗太平興國四年己卯終真宗大中祥符三年庚戌

李公蘊
篡黎八自稱
晋後以遣使入
貢封交阯郡
王進封南平
王充節度領
鎮十八年

德政
公蘊子嗣封
如父領鎮二
十七年

日尊
德政子嗣封
尊自帝其國
號大越改元
寶象又改神
武領鎮十七
年

乾德
日尊子嗣封
領鎮六十年

陽煥
乾德子嗣封
領鎮六年

天祚
陽煥子嗣立
淳熙元年進
封安南國王
賜安南國印
安南始為國
三十八年在
位

龍翰
天祚子嗣封
安南王在位
三十六年

昊旵
龍翰子嗣封
二十三年卒
無子以女昭
聖主國事其
婿陳日煚代
之

陳日煚
以李氏婿繼
封安南國王
在位二十六
年表請世襲
詔封安南國
太王以其子
光昺襲

光昺
一名威晃日
煚子襲父封
安南國王宋
末降元在位
十六年

李氏八傳二百二十五年始真宗大中
祥符四年辛亥終理宗端平二年乙未

元

陳日烜 光昺子嗣立稱帝世祖召入朝受命不從命將討之烜走死傳位於子稱太上皇僭號十三年

日燇 日烜子受之僞禪改元紹寶

日煃

日爌

日焯

按自燇以後終元之世立不請封死不告哀入貢止稱世子見於史者三人至大四年遣使來朝者日煃泰定元年來貢者日爌至順年來貢方物者日焯其世次紀年無考

明

陳日煃 世次無考洪武二年入貢封安南國王尋卒

日熞 日煃子嗣封一年其兄叔明逼死之

叔明 日熞兄自立請封太祖不許命權國事攝位一年衰弟日煓自代

日煓 叔明弟代兄攝國事六年

日煒 日煓弟攝國十年黎季犛弒之

日焜 叔明子黎季犛所立攝國十年復弒之立其子顒

顒 日焜子尋爲季犛所弒

𭆺 顒子季犛利其幼立之未幾弒之奪其國陳氏亡

黎季犛 叔明之婿爲國相四弒其君盡殺陳宗室篡之更姓胡名一元以子蒼爲皇帝自稱太上皇國號大虞

蒼 季犛子改名胡奃改元元聖又改紹成僞以陳氏絕嗣請命太宗封之後知其詐命將討蒼幷其父誅之父子僭國八年

陳氏十五傳一百六十四年始宋理宗端平三年丙申終明建文元年己卯

按黎蒼篡陳後有日焜孫名天平者竄入老撾間道走愬於朝詔責黎蒼蒼上表謝罪請天平還國太宗遣兵衛入境蒼伏兵刼殺之張輔平安南詔求陳氏子孫不得遂郡縣其地後反者繼起簡定季擴伏誅黎利殆不可制會利請立陳氏後以日煃三世嫡孫陳暠爲嗣時廷議棄其地遣使往諭陳暠將康而封之使至利以暠死聞乃以利權署國事

交阯布政司設於永樂六年裁於宣德六年辛亥凡二十四年

黎利

安南俄樂縣土巡檢初叛立陳暠為王後弒之自立改元順天宣宗詔權國事六年卒

麟

本名龍利子嗣封安南王九年改元二紹平大寶

濬

本名隆基麟子嗣封十七年為庶兄琮所弒改元二大和延寧

琮

本名宜民濬庶兄弒濬自立改元天興竊位九月國人誅之

灝

本名思誠濬弟嗣封三十八年改元二光順洪德

暉

本名鏳灝子嗣封七年改元景統

敬

本名漴暉子立未紀年受封而卒改元泰貞

誼

敬弟嗣封四年改元端慶外戚阮种謀逆逼之自殺种立弟阮伯勝為王

晭

本名瑩灝孫誼之從弟國人誅阮氏立之嗣封八年改元洪德恣行不道杜堂燒香官陳暠作亂弒之

譓

本名椅灝曾孫晭養為子莫登庸誅陳暠與大臣共立之改元光紹在國六年登庸專國妻譓之母謀弒譓譓出奔清華

慮 一名椿諱庶弟登庸迎譓立之攝國事五年遏使禅位尋弑之

寧 椌諱子初走入清華故臣多從之慮弑後五年始奔鄭江等立寧主國居清華

寵 寧子嗣立於清華鄭檢輔之

維邦 暉四世孫寵卒無子檢立之居清華

按黎氏至慮莫登庸篡之莫五傳黎維潭復取之是表宜於慮後列莫於莫後列維潭矣考慮雖失國黎譓尚保清華譓死子寧立遣使間道入朝奏莫氏篡逆狀世宗命將討之登庸組繫軍門請命詭言寧非黎氏子時寧遏於登庸情弗上達朝廷以寧僻在荒遠莫由察其真偽遂以安南授莫復命廉訪寧果黎氏後授以清華四府後寧在清華四世有君有臣名位俱在至維潭恢復先業是安南始終為黎氏之國系固未嘗絕也莫氏不過一時竊據耳觀明之處置登庸不王之而降為都統者意固有在其不可承安南之統明矣故是表於慮下直書寧後四世以及復國維潭竊比綱目正繼統之義書居清華亦如王在彘帝在房州例別立安南都統表以系莫氏等諸僭國庶幾不悖於正云

維潭 維邦子嗣立於清華鄭松輔之舉兵攻殺莫茂洽遂復國叩關求款詔以莫氏例為安南都統使

維新 維潭子嗣立鄭松柄國

維祺 維新子嗣立

維禔 維祺子國朝平粵遣使入貢

按自黎寧屏居清華不通中使維潭復國始一通貢後值明季之亂朝貢不時自寧維禔七世年次俱無考

國朝

黎維禧 維禔子康熙二年黎維禧內欵未受封丙午年禧援例請封遣使冊為安南國王在位七年

維禬 維禧弟嗣封五年鄭檍柄國

維正 維禬弟嗣封四十一年鄭椿柄國

維裪 維正子嗣封十五年

維祜 維裪子嗣封四年

維禕 維祜子乾隆二年嗣立受封今在位

黎氏自利至維禕凡二十四傳始明宣宗宣德七年壬子至今乾隆二十一年丙子共三百二十五年

按黎譓播遷依其母戚鄭氏鄭世輔之延祚復國皆其力也後鄭遂稱王尊黎曰天子以兵守之入貢請封以其君名行中朝使至則以其君見政令財賦出入自鄭黎擁虛位而已其所以不即取之者初莫氏在高平與鄭為難繼穆氏據廣南共奉其主外患未除有所牽制耳噫君不自强權臣得而玩之股掌將軍跋扈視馭之者何如耳迨國柄已移雖有有為之主莫能自振振之適以速禍將逐權臣而為權臣所逐魯昭晉出其明鑒也自維潭以後初不聞黎與鄭訌者毋以黎之宗社鄭實再造鄭欲取之黎固無憾君然則黎諸君亦可為明哲保身者矣溯黎氏有國名雖納貢稱藩實自帝於國中即位改元稱宗加謚僭妄為甚鄭之不臣黎實

啟之又何尤焉今之安南名黎寔鄭故附識於此

安南都統司表

莫登庸

都齋漁人為黎明都力士以誅陳暠功封武川伯僞受應禪作大誥改元明德三年傳子方瀛毋宗以其弑逆降為安南都統使

方瀛

登庸子受父僞禪改元大正僭國十年先登庸死

福海

方瀛子其祖登庸立之改元光華會授安南都統制下登庸方瀛俱死乃授福海在職七年

宏瀷

福海子父死方五歲宗人爭立復為鄭檢所攻出奔海陽尋還國襲職

茂洽

宏瀷子襲都統鄭松奉黎維潭復國攻敦之其子敬恭等奔高平

敬恭 茂洽子父被殺出保高平上表陳情詔為高平令後復為黎氏所擒

敬寬 敬恭子繼保高平

敬耀 敬寬子順治十七年内款以其率先向化仍授安南都統使命未下而卒

元清 敬耀子襲授都統後黎氏復取高平清與子敬光等奔泗城莫氏七

按後元清姪子敬光等在泗城大兵會剿吳逆光為嚮道雲南平命將莫敬光家屬送歸本國安插敬光不敢歸自縊於路其弟敬暒等三人亦脫走餘眷三百餘口至安南國王維正悉殺之又有敬耀次子敬晋與子敬曙孫莫誇莫保等流落泗城乾隆初年有保樂夷官潛引莫保出交敬曙之婿岑際康冒名莫康武者同據保樂屢使招莫誇誇不從邊臣慮莫氏支庶在泗城密邇安南不免滋事於乾隆九年具奏移置安慶省莫氏九傳始登庸據地于明世宗嘉靖七年戊子至本朝

聖祖康熙十三年甲寅元清失高平共一百四十七年

安南紀畧卷上

知廣西太平府事宛平查禮編

安南即交阯古南蠻地禹貢南不盡衡山交阯去衡南更數千里在王制荒服之外秦并百粵始置郡縣漢以後風氣漸開始知稼穡婚娶至唐聲教大被幾於中國五季之亂為曲顥所據宋因以封丁部領陷為外裔殆不可復其事無專乘可考茲即見於史傳通志諸書者節錄如左

周

成王六年越裳氏重譯來朝獻白雉使者迷其歸路周公作指南車使載之由扶南林邑（今安南地）期年而至其國

顯王三十五年楚滅越越之族姓竄於南荒散處蠻中各為君長是為百越駱越其一也（駱越屬今安南）

秦

始皇二十七年平百粤分其地為閩中桂林南海象郡（象郡即安南地）以
讁卒戍之

子嬰元年南海尉趙佗擊并桂林象郡誅秦所置吏自稱南粤
武王後稱帝

漢

武帝元鼎六年伏波將軍路博德等平南越越桂林監居翁諭
甌駱四十餘萬口皆降置交阯日南九真三郡設太守

元封五年置交阯刺史（領南海蒼梧鬱林合浦珠崖儋耳交阯日南九真九郡後棄珠崖儋耳二郡）

平帝元始元年日南之南黄支國獻犀牛初交阯雖置郡縣言
語重譯乃通長幼無別人如禽獸至是錫光為太守教導夷
民漸見禮化新莽篡漢光拒境自守郡内以寧光武中興遺

使貢獻封盐水侯
光武建武十二年九真徼外蠻里張游率種人慕化内屬封為
歸漢里君初帝徵任延為九真太守延下車以俗不知稼穡
專事射獵鑄田器教之耕民食始足男女野合無匹不識父
子夫婦令各以年齒相配後生子始知種姓於是徼外蠻夷
慕義效順
十三年南越徼外蠻夷献白雉白兎
十六年交阯女子徵側徵貳反九真日南合浦諸蠻皆應之陷
六十五城自立為王詔長沙合浦交阯諸郡具車船修橋路
通障谿儲糧穀以備征討
十七年遣伏波將軍馬援等征交阯援緣海而進隨山刋道千
餘里

十九年交阯平援斬徵側徵貳傳首洛陽進擊九真餘賊都羊等悉平之與夷人申明律制以約束之自後駱越奉行為謹

章帝元和元年日南徼外蠻夷究不事人獻生犀白象

和帝永元十二年置象林長史時日南象林蠻夷二千餘人焚掠百姓郡縣討之斬其渠帥餘衆乃降故置將兵長史以防之

安帝永初元年九真徼外夜郎蠻夷舉土内屬開境千八百四十里

延元元年九真徼外蠻貢献内屬

三年日南徼外蠻復來内屬

順帝永建六年日南徼外葉調王便遣使入貢賜調便金印紫綬

永和二年日南徼外蠻夷區憐等作亂攻燒象林縣殺長吏交阯刺史樊演發交阯九真兵救之兵憚遠役反攻二郡寇勢益張會侍御史賈昌奉使日南與州將并力討之不利朝議發荆揚諸郡兵赴之中郎李固駮其不可謂宜選有勇畧仁惠任將帥者為刺史太守以安撫之

三年拜張喬為交阯刺史祝良為九真太守從固議也喬至郡開示慰誘賊乃降散良至九真單車入賊中招以威信蠻人悉服

建康元年日南蠻夷復聚為亂扇動九真交阯刺史夏方招降之

桓帝永壽三年交阯無度縣人朱達反號招蠻夷以居風令貪暴攻而殺之進攻九真太守兒式戰死遣魏朗為九真都尉

討賊大破之斬首二千級

延熹三年拜夏方為交阯刺史時朱達屯據日南朝廷以方威信素著復拜交阯刺史日南宿賊聞之二萬餘人相率詣降

靈帝熹平二年日南徼外國重譯來貢

光和元年交阯烏滸蠻及招誘九真日南合數萬人攻沒郡縣以朱儁為交阯刺史擊破之

六年日南徼外國來貢

獻帝建安八年以張津為交州刺史士燮為交址太守後津為其將區景所殺荆州劉表聞同交阯帝乃賜燮璽書以為綏南中郎將董督七郡領交阯太守如故時天下喪亂道路不通而燮不廢職貢復詔拜安遠將軍封龍度亭侯

十五年孫權遣步騭為交州刺史畧定嶺南士燮率土賓于騭

權加燮左將軍燮復誘導益州雍闓附權遷衛將軍封龍編
矦

後漢

後帝建興四年（吳黄武五年）吳交阯太守士燮卒燮體寬厚謙虛下
士中國士人避亂多依之袁徽與荀彧書曰交阯士府君既
學問優博又達於從政處大亂之中保定一郡二十餘年疆
埸無事民不失業羈旅之人皆蒙其慶雖竇融保河西曷以
加之其見稱如此卒年九十子徽自為交阯太守

五年吳以士徽為安遠將軍領九真太守徽不受命廣州刺史
呂岱討徽誅之初權以呂岱代步騭為交州刺史岱以所部
遼遠奏分合浦以北為廣州岱領之交阯以南為交州治龍
編請以將軍戴良為刺史會士燮卒權遣陳時代燮與良俱

行授士徽九真太守良至合浦徽登兵拒之不得入岱聞之將廣州兵晝夜馳進移書交阯告喻禍福徽懼率兄弟肉袒迎岱岱誅之先燮遣子廞入質於吳權以為武昌太守至是坐免

延熙十一年（吳赤烏十一年）交阯九真夸賊攻沒城邑吳以陸胤為交址刺史安南校尉胤帥軍而南耑事招納結以誠信賊衆悉降

炎興元年（吳永安六年）吳呂興以交阯叛歸魏吳交阯太守孫諝貪暴百姓患之會使至調孔雀三千頭送秣陵民苦遠役思作亂郡吏呂興乃殺諝以郡附魏魏拜興安南將軍交阯太守尋為其下所殺

晋

武帝泰始元年（吳甘露元年）以霍弋領交州刺史吳屢攻交阯太守馬

融病死弋乃遣楊稷代融董元為九真太守與將軍毛炅等自蜀出交阯破吳軍於古城殺其都督脩則九真等郡俱降

秦始皇五年（吳寶鼎四年）吳陶璜取交阯將軍毛炅死之孫皓遣都督薛珝攻交趾璜統前軍從海道直入大破董元軍楊稷力屈出降炅被獲璜愛其勇釋之炅謀襲璜事覺被殺皓以璜為前將軍交州牧進征夷獠開置武平九德新昌三郡及九真屬國三十餘縣

太康元年（吳天紀五年）吳孫皓降陶璜遣使送印綬詣洛陽拜璜尉軍將軍封宛陵侯領交州如故吳既平詔減州郡兵璜上書曰交土荒裔斗絕一方連帶山河外距林邑州人蔑義喜亂適冦時發未宜約損州兵以示單虛從之璜守交三十年恩威著於殊俗及卒舉州號哭如喪慈親自璜父基為吳交州刺

其後璫子威淑孫綏四世領交州者五人

愍帝建興三年王敦以王機爲交州刺史機反廣州刺史陶侃擊斬之初機盜據廣州懼朝廷致討乃因王敦求交州時梁碩據交州自稱太守敦以機難制又欲因機討碩録機降杜弘（杜弢餘黨時據臨賀降于機）之功除交州刺史機將兵至郡爲碩所散敗退保鬱林會杜弘破桂林賊還機遂與弘及交州劉沉等俱反侃始除廣州聞之馳至郡先討弘沉斬之遣督護許高討機機走死高戮其屍

元帝太興元年以陶侃爲平南將軍都督交州軍事

永昌元年以王諒爲交州刺史諒爲梁碩所陷都督陶侃遣將高寶討碩平之

明帝太寧元年以阮放爲交州刺史

孝武帝太元十六年九真太守李遜謀反交阯太守杜瑗收斬之遜父子俱有權力威制交土聞刺史滕遯之當至分遣二子斷遏津要瑗收衆斬遜詔除龍驤将軍交州刺史

安帝義熙七年除杜慧度為交州刺史時盧循失番禺襲破合浦直趍交州慧度迎擊大破之循赴水死詔封慧度龍編縣侯

宋

武帝永初元年交州刺史杜慧度征林邑降之進慧度輔國将軍以其子弘文代為刺史慧度儉約縝密威惠霑洽在郡姦盜不起至城門不夜閉道不拾遺卒贈左将軍

文帝元嘉四年交州刺史杜弘文入朝道卒以王徽代之弘文繼修父業寬和得衆累拜振遠将軍襲封龍編侯

二十三年林邑入寇命交州刺史檀和之伐之南陽宗慤自請從軍拜振武將軍為前鋒拔區粟城林邑王范陽邁傾國来戰以象為陣慤製獅子形與之拒象皆驚走遂克林邑和之軍還以蕭景憲刺史交州

二十年交阯獻白鹿

武帝孝建二年分日南宋平縣尋改為郡

明帝泰始七年以陳伯紹為交州刺史

齊

高帝建元二年置宗壽郡隸交州

明帝建武元年日南蠻献狒狒

梁

武帝天監四年交州刺史李凱反長史李畟討平之

普通四年改九真郡為愛州

大同七年交州李賁反命刺史侯諮等将兵討之

十年李賁稱越帝置百官改元

十一年以楊瞟為交州刺史将兵討李賁陳霸先為前鋒敗賁於嘉寧

中大同元年陳霸先敗賁於典澈湖

太清二年李賁為其下所殺餘黨圍愛州陳霸先討平之

簡文帝大寶元年以陳霸先為交州刺史後起兵討侯景以袁曇緩代之

陳

高帝永定三年以歐陽頠都督交廣諸軍事時嶺南大亂夷獠出沒交阯頠子紇率師平定之

文帝天嘉元年使阮卓招慰交阯日南蠻始通欵郡多金翠珠貝先使者多致之卓一無所取時論服其廉

隋

文帝開皇十年改日南郡爲驩州

仁壽元年徵交阯渠帥李佛子入朝佛子惧發兵及遣將軍劉方爲交州道行軍総管討平之

三年以劉方爲驩州道行軍総管經畧林邑

煬帝大業元年劉方克林邑林邑王梵志遁入海分其地爲蕩農沖三州屬驩州道

十二年以邱和爲交阯太守和撫綏有方甚得蠻夷心會海內分崩蕭銑林士弘各有嶺南各遣人招之皆不就銑遣兵渡海侵和和擊却之境內獲全

唐

高祖武德五年蕭銑平隋交阯太守丘和以地來歸詔改交州郡為総管府以和為総管封譚國公

太宗貞觀元年分天下為十道改交州総管府為都督府隸嶺南道

高宗顯慶二年貶褚遂良為愛州刺史次年卒

調露元年改交州都督府為安南都督府

武后如意元年周流其御史嚴善思於驩州

大足元年置武安南登二州並隸安南

元宗開元十年安南亂遣内侍楊思勗討平之賊帥梅元成叔鸞等叛稱黑帝謀陷安南思勗兵至悉擒而誅之

肅宗至德二年改安南都督府為鎮南都護府尋復改安南都

護府以刺史充都護

德宗貞元十九年安南經畧使裴泰為州將王元季所逐

憲宗元和十四年安南賊楊清作亂殺都護李象古初洞蠻黃少卿數為寇裴行立陽旻等請命討之象古遣牙將楊清將兵往助象古素貪刻失衆清因人心怨怒引兵夜還襲陷府城遂殺象古行立等無功引還詔以桂仲武為安南都護赦楊清為瓊州刺史

十五年都護桂仲武至安南楊清拒境不納相持數月清用刑慘酷其黨離心開城納仲武執清斬之

穆宗長慶三年安南陸州獠攻掠州縣

四年安南黃家賊陷陸州殺刺史葛維蘇

文宗太和二年峰州刺史王朝升叛安南都護韓約討斬之未

幾府兵亂逐韓約
武宗會昌三年安南經畧使武渾役將士治城將士苦之遂作
亂渾奔廣州監軍段士則撫之始定
六年蠻寇安南經畧使裴元裕帥隣道兵討之
宣宗大中十二年南詔寇安南以王式為安南都護先都護李
琢貪暴强市部中馬牛一頭止與塩一斗群蠻皆怨導南詔
為寇式至樹艻木為柵濬塹其外選教士卒頃之南蠻大至
式遣譯諭責之謝曰我自討叛獠耳非為寇也遂引去
十三年安南賊陷播州
懿宗咸通元年以安南都護王式為浙東觀察使遣李鄠代之
二年安南土蠻引南詔陷交阯都護李鄠奔武州詔發邕管及
隣道兵救之以王寬為安南都護鄠自武州收集土兵復取

安南朝廷責其失守貶儋州司户

三年南詔復寇安南都護王寬數來告急詔以蔡襲代寬發許滑諸道兵三萬人禦之蠻引去嶺南舊分五管廣桂邕容安南皆隸嶺南節度至是蔡京奏分嶺南為兩道敕以韋宙節度東道治廣州蔡京節度西道治邕州安南隸焉蔡襲將諸道兵在管京忌之奏稱南蠻遠遁邊徼無虞請罷戍兵各還本道從之襲累奏群蠻伺隙不可無備乞留戍兵五千人不聽襲又計蠻寇必至兵食皆闕作十必死狀申中書時相亦不之省未幾南詔乘虚復圍交州襲嬰城固守遣使請救敕發荆湖及桂管兵五千人赴之會韋宙奏宜先保邕州所發諸道兵竟不進

四年南詔陷安南都護蔡襲死之時救兵不至襲力窮城陷左

右俱盡徒步赴海死詔諸道兵赴安南者還保嶺南西道

五年以高駢為安南都護駢至邕管匡合諸道兵招懷溪洞進

取安南

六年高駢復安南詔改都護府為靜海軍以駢為節度使

十一年貶劉瞻為驩州司戶僖宗立召還拜同平章事未幾卒

五代

梁太祖開平三年以清海節度使劉隱兼靜海節度使安南都

護時曲顥據交州隱遥領之而已

末帝貞明二年交州曲承美内款詔授節鉞承美顥子也

唐明宗天成四年南漢劉龑遣將攻交州取之虜曲承美而還

長興二年愛州楊廷藝攻交州南漢刺史李通棄城走龑遣程

寶攻廷藝不克

晉高祖天福元年交州牙將皎公羡殺楊廷藝代領其衆藝將吳權攻交州公羡乞師於南漢龔封子洪操為交王出兵駐海門時權已殺公羨逆戰海口植鉄橛水中漢舟轢之皆覆操戰死

周太祖廣順四年交州吳昌濬遣使稱臣於南漢昌濬權子權據交州死傳子昌岌岌死濬代之

宋

太祖乾德四年交州吳昌文卒州將呂處坪一作吳處坪喬知祐一作矯知護楊暉杜景碩等爭立部內大亂驩州丁部領率其子璉擊處坪等破之自稱大勝王署璉為節度使

開寶三年交州丁部領傳位於子璉

七年丁璉遣使貢方物詔授璉安南都護充靜海軍節度使

八年交州貢犀象香藥詔封節度使丁璉父部領為交阯郡王
太宗太平興國元年靜海節度使丁璉遣使賀即位襲封交阯
郡王
三年交阯郡王丁璉卒弟璿立璿年幼大校黎桓擅權遷璿於
別室禁錮之代領其衆
五年命蘭州團練使孫全興寧州刺史劉澄等將兵分水陸二
道討黎桓桓冀緩師詐為丁璿上表請襲爵不報
六年孫全興等兵至花步留不進桓詐降誘殺前軍轉運使侯
仁寶詔班師下全興等於吏誅之
七年黎桓假丁璿上表謝罪
八年黎桓自稱權三使留後遣使貢方物命供奉張宗權齎詔
諭桓以丁璿領節度桓副之如果璿不稱職令遣之入朝再

降制命俱不聽
雍熙二年桓入貢上表求領鎮
三年遣補闕李若拙博士李覺為使授黎桓安南都護充靜海
節度觀察處置等使封京兆郡侯食邑三千户賜號推誠順
化功臣
端拱元年遣郎中魏庠員外郎李度為使加桓檢校太尉食邑
千户
淳化元年遣正言宋鎬王世則為使加桓特進食邑千户桓詐
言墜馬傷足受詔不拜信宿後張宴臨海以娛賓桓跣足持
竿自入水標魚為樂
四年詔封黎桓交阯郡王
五年遣使來貢桓性本兇狠負阻山海屢為寇漸失藩臣禮

至道元年交阯寇欽州如洪鎮大掠而去尋復寇邕州緣山都巡檢楊文傑擊去之時廣南西路轉運使張觀妄奏黎桓已死遣使偵之如觀言未幾有大賈自交阯回言桓無恙詔逮觀并罷二偵使以陳堯叟代觀因賜桓詔書捕其逃民在内境者還之桓亦捕送海賊二十五人復遣主客郎中李若拙以美玉帶賜桓桓對若拙詞尚悖慢若拙責以大義始北望謝罪

真宗咸平元年黎桓遣使來貢（金銀七寶交椅一銀盆十犀角象牙五十枝細絹布萬疋）使還進封桓南平王賜賚有加

四年交阯來貢（馴象一象二象狦二七寶金瓶一）欽州奏交阯頭目黄慶集等率衆來歸詔慰撫之遣還

景德元年黎桓遣子明提入朝乞遣使至本道慰撫荒裔初使

至交州桓[illegible]奉為辭厚斂於民上聞之後不專使故桓有

是請

二年上元節賜明提錢令與占城大食使觀燈飲宴因遣工部

員外郎邵曄充國信使使交阯

三年南平王黎桓卒子龍鉞嗣鉞弟龍廷弒之自立廷兄明護

復以兵攻廷頭目黄慶集等復率衆來歸詔改國信使邵曄

為緣海安撫使曄乃貽書交阯諭以朝廷威信如自相魚肉

當行天討盡滅黎氏明護懼奉龍廷主軍請入貢許之

四年龍廷遣弟明昶等來貢會大宴命升貢使坐於尚書省五

品之次封龍廷交阯郡王賜名至忠是後交阯封典例初授

檢校太傅充静海軍節度觀察處置等使安南都護兼御史

大夫上柱國封交阯郡王食邑三千户實封一千户賜號推

誠順化功臣進封南平王卒贈侍中南越王如初封授檢校
太尉者加特進其餘加恩隨時進秩
大中祥符元年天書降加至忠翊戴功臣是年東封畢加至忠
同平章事
二年交阯蠻劫海口蜑戶如洪砦主李文著逐之中流矢死詔
督安南捕賊是年至忠遣使獻馴犀
三年交阯入貢表求甲冑詔從其請又求互市於邕州不許是
年太校李公蘊逐至忠自稱留後遣使貢奉帝以蠻夷不足
責詔封公蘊為交阯郡王公蘊表求大宗御書詔賜百軸
四年祀汾陰后土禮成加公蘊同平章事
五年以交阯進奉使李仁美為成州刺史陶慶文為太常丞是
冬聖祖降公蘊開府儀同三司翊戴功臣

七年加公蘊　卧守正功臣詔交阯貢使館豈其餼供復加進
奉使陶碩等官時交阯狄獠避罪來奔夷人假捕逃為名掠
我人畜敕遠吏自後不得召納蠻獠
天僖元年進封公蘊南平王
二年加公蘊檢校太尉
仁和天聖元年加公蘊檢校太師
六年交阯申承貴率師入寇（承貴公蘊婿）詔廣南西路轉運司討之南
平王李公蘊卒子德政遣使告哀封德政為交阯郡王以本
路轉運使王惟正充封祭使
九年以交阯進奉使李偓佺為驩州刺史師日新為珍州刺史
明道元年加德政同中書門下平章事
景祐元年交阯人陳公永等率衆內附德政以兵捕之敕遣還

尋加德政檢校太師以進奉使陳應機為太子中允王惟慶
為大理寺丞
三年交阯蠻寇西陵西平石西等州詔責德政令捕罪首以聞
寶元元年進封德政南平王
康定元年遣使貢馴象
慶曆三年以交趾進奉使杜慶安為順州刺史梁才為天子左
監門率府率
六年以交阯進奉使蘇仁祚為工部郎中陶維帷為殿崇班
七年以交阯進奉使杜文府為屯田員外郎文昌為內殿崇班
皇祐二年德政表求國人入居邕州者敕以韋紹嗣等三千餘
人還之
四年德政請 助討儂智高狄青奏蠻夷不可信詔却之

至和二年南　一李德政卒封世子日尊爲交阯郡王以屯田

員外郎藕安邑充封祭使

嘉祐三年交阯貢異獸

四年交阯寇欽州

五年交阯甲峒蠻寇邕州詔討之日尊上表請罪乃罷兵

八年交阯貢馴象

九年仁宗遺詔加日尊同中書門下平章事

神宗熙寧元年進封日尊南平王加開府儀同三司

二年交阯李日尊稱大越皇帝改元寶象時王安石爲相謀立

奇功議者言交阯可取遣沈起劉彝先後經畧挑釁搆亂交

人遂叛

五年交阯李日尊卒子乾德立

八年交阯大舉入寇陷欽廉二州露布言國中新法困民出兵
拯濟
九年交阯陷邕州知州事蘇緘死之以郭逵為安南招討使趙
卨副之逵等大破乾德兵於富良江殺其子洪真會逵與卨
畢官軍又多死者逵僅取廣源等四州一縣而還乾德奉表
修貢乞予所奪州縣許之仍封為交阯郡王逵卨以不即滅
賊皆坐貶
元豐元年交阯貢馴象
六年乾德遣其臣黎文盛來廣西辨理順安歸化疆界文盛恭
順不爭詔賜袍帶及絹五百疋以保樂二縣宿桑二峝賜乾
德
哲宗元祐元年乾德同中書門下平章事上表求勿惡勿揚

尙地不許

二年進封乾德南平王

徽宗建中靖國元年加乾德開府儀同三司檢校太師

大觀元年遣使入貢乞市書籍詔除卜筮陰陽曆算術數兵書

敕令時務邊機地理諸禁書外餘許市

政和七年詔開交址和市之禁嘉恭順也

宣和元年加乾德守司空

高宗建炎元年詔邊臣毋受交阯逋逃

四年交阯入貢却其方物之華靡者

紹興二年南平王李乾德卒封世子陽煥為交阯郡王

八年交阯郡王李陽煥卒贈開府儀同三司進封南平王封世子天祚為交阯郡王以轉運副使朱芾充封祭使

九年詔邉臣毋受趙智之入貢初乾德有側室子奔大理變姓名爲趙智之自稱平南王聞陽煥死歸與天祚争立求入貢欲假兵納之帝不許

二十一年累加天祚崇義懷忠保信鄉徳安遠承和功臣

二十五年詔館交阯使者於懷遠驛進封天祚南平王賜襲衣金帶鞍馬

二十六年命宴交阯使者於玉津園時貢金珠沉水香翠羽良馬馴象加天祚檢校太師

孝宗隆興二年遣使來貢

乾道六年累加天祚歸仁協恭繼美尊度履正彰善功臣

九年天祚遣使入貢帝自即位屢却貢使至是嘉其誠許之

淳熙元年進天祚安南國王加守謙功臣

二年賜南安[illegible]印

三年安南國王子天祚卒子龍翰嗣

四年特封李龍翰為安南國王制曰即樂國以肇封既洊世襲

極真王而錫命何待次升示殊數也

五年龍翰遣使謝恩兼貢方物

九年詔却安南貢象

十六年累加龍翰守義奉國履常懷德功臣

光宗紹熙元年遣使賀即位

寧宗慶元元年累加龍翰謹度思忠濟美勤禮保節歸仁崇謙

協恭功臣

嘉定五年安南王李龍翰卒封世子昊旵為安南王以廣西運

判陳孔碩充封祭使後謝表不至遂輟加恩

理宗紹定五年安南王李昊旵卒無嗣以女昭聖主國事尋詔
聖以國授其夫陳日煚
端平三年封陳日煚為安南王
淳祐二年加日煚効忠順化保節守義功臣
寶祐五年蒙古遣兀良合台攻安南破之屠其城王日煚走免
六年安南王陳日煚傳位於其子光昺詔安南情狀叵測申飭
兵備
景定二年安南貢象
三年封陳光昺為安南王時日煚以傳位來告請世襲從之加
日煚檢校太師安南國太王
四年（蒙古中統四年）光昺請降於蒙古乞三年一貢蒙古從之封爵如宗
以訥剌丁、達魯花赤佩虎符徃來安南國中

度宗咸淳元年（蒙古至元二年）光昺遣使奉表於蒙古貢方物蒙古厚賜之諭以六年一君長親朝二子弟入覲三編民數四出軍役五納賦稅六置達魯花赤統治之

四年（蒙古至元五年）蒙古以忽龍海牙為安南達魯花赤張廷珍副之

五年（蒙古至元六年）詔加安南國太王日煚國王光昺各食邑千户

八年（蒙古改國號曰元至元九年）明堂禮成賜安南國太王日煚國王光昺戰馬罷弊元以葉式捏為安南達魯花赤李元副之

九年（元至元十年）元葉式捏卒以李元代為安南達魯花赤合撒兒海牙副之

恭帝德祐元年（元至元十二年）光昺上表於元乞罷本國達魯花赤不許仍令遵行六事

端宗景炎元年（元至元十三年）光昺上表於元乞罷六事不報

二年（元至元十四年）安南王陳光昺卒子日烜立遣使朝元元遣禮部尚書柴椿等賫詔往諭日烜入朝受命日烜奉表陳情不赴召

末帝祥興二年（元至元十六年）元復遣柴椿等往召日烜入朝日烜託疾遣其叔遺愛來覲

元

世祖至元十八年立安南宣慰司以卜顔鐵木兒爲參知政事行宣慰使駐安南日烜不納

十九年安南陳日烜稱皇帝

二十年命陶秉直賫璽書諭安南脩兵粮助討占城

二十一年詔鎮南王脫歡假道安南擊占城師至祿州日烜率兵拒境脫歡遣使反復諭開道不從分兵擊之連破諸隘渡富良江日烜空國走自安邦入海追之不及日烜弟陳益稷

來降時盛暑霪潦軍中疾作乃班師日烜追敗後軍中書李
烜右丞唆都俱戰死日烜禅位於其子日燇自稱太上皇改
元紹寶
二十三年詔伐安南命鎮南王脫歡平定其國納陳益稷為王
官兵入境日烜復遁會湖南宣慰司奏軍粮難繼乞緩師從
之召脫歡以益稷還鄂
二十四年發江淮湖廣江西雲南蒙古黎兵共九萬人命脫歡
等分道伐安南脫歡由東道女兒關入程鵬飛等由西道永
平寨入烏馬兒率舟師由海道安邦口入凡十七戰俱捷日
烜及子走入海會張文虎海運不至脫歡恐粮盡引還日烜
分兵三十餘萬守女兒關及邱急嶺以遏歸師脫歡由間道
以出日烜遣使謝罪進代以金人上遣劉廷直等諭之來朝

二十六年日烜遣使貢方物
二十七年安南陳日烜卒日燇遣使来貢
二十九年遣尚書張曾郎中陳孚使安南再諭日燇来朝不聽
三十年詔伐安南制下湖廣行省平章不忽木奏軍需宜備蚤
船千艘兵五萬餘人粮三十五萬石鈔十五萬甲仗七十餘
萬疏上寢之
三十一年日燇遣使慰國哀
成宗大德元年詔以陳益稷久居於鄂遥拜湖廣行省平章政
事賜田二百頃
五年太傅完澤奏安南来使鄧汝霖竊畫宮苑圖本市輿圖禁
書私記北邊軍情及山陵等事遣尚書馬合馬侍郎喬宗亮
賫詔責之

武宗至大元年詔諭安南遣使來貢加陳益稷金紫光祿大夫
儀同三司
四年安南世子陳日燇遣使來朝
仁宗皇慶二年安南大舉入寇掠鎮安歸化二州焚養利州官
舍殺掠二年餘人中書省遣使詰之安南飾詞以謝令飭邊
吏毋得侵越
泰定帝泰定元年安南世子陳日爌遣使來貢
文宗天歷二年陳益稷卒詔謚忠懿王賜錢五千緡
至順三年安南世子陳日焯遣使貢方物
明
太祖洪武二年安南陳日煃遣使來朝上表請封遣翰林學士
張以寧典簿牛諒齎詔封日煃為安南王賜駝紐塗金銀印

未至日㷟卒子日熞嗣

三年遣使祀安南山川仍命本國具其山川碑碣圖籍以聞安南來告哀上親製祭文祭日㷟封日熞為安南王以編修王廉充吊祭使主事林克臣充頒封使

四年安南陳叔明弒其君日熞而自立（叔明日熞兄一曰日鏗伯父）

五年叔明遣使貢象禮部主事曾魯以前王名日熞今名叔明白尚書詰之使者始言日熞為叔明所逼而死遂簒其位託修貢以覘朝廷事聞却貢不受叔明上表謝罪請封不許詔以前王印視事尋表稱年老請以弟日熓代許之

六年日熓遣使表請貢期詔三年一貢王立則世見

十一年安南權國事陳日熓卒叔明請以弟日煒代之

十四年日煒遣使貢方物時屢寇我永平等寨詔邉臣勿納來

使
二十一年安南黎季犛弒其主日煒立叔明子日焜季犛叔明婿時為國相
二十六年詔絕安南朝貢以其廢立不道也
二十九年安南寇思明據地百餘里是年陳叔明卒
三十年遣行人陳誠呂讓諭安南還所侵地不從日焜遣誠等
黃金及沉檀香却之曰賕也昔陸賈受之何以辭為讓曰尉
佗以彈丸越地與漢抗衡是賈禍也陸賈受金以分諸子是
賈利也王顧以尉佗自處乃以陸賈處人乎卒不受
建文元年安南黎季犛弒日焜立焜子顒未幾弒顒立顒幼子
㝥尋復弒㝥大殺陳氏宗室奪其國季犛自謂舜裔胡公滿
之後改姓名曰胡一元稱太上皇立子蒼為皇帝改名胡查
國號大虞改元元聖

太宗永樂元年黎蒼奉表賀即位奏陳氏絶嗣已以陳氏甥為衆推立權理國事乞賜封爵遣行人楊渤往廉之蒼遣使隨渤入朝進其國陪臣耆民奏章為蒼請封許之

二年老撾宣慰司送陳天平來朝（天平日烜孫避亂入老撾）時陳氏舊臣裴伯耆潛至京師奏黎氏弒逆乞立陳氏後帝俱留之

三年安南遣使入賀（賀正旦也）命禮部出陳天平示使者皆識為故王孫感泣下拜詔責黎蒼蒼上表謝罪請迎天平還國許之

四年命都督黄中率兵納陳天平於安南原大理卿薛嵓從行至邱温蒼使來迎壺漿相屬於道將至芹站路險伏發斷橋使後騎不得進劫天平殺之嵓亦死中引兵還事聞上大怒命成國公朱能率沐晟張輔等二十五將軍分道伐安南晟由雲南蒙自縣入能輔等由廣西憑祥縣入師至龍州能以

疾留輔率兵度坡壘閼檄季犛父子二十罪進攻隘留雞陵二關破之遂度芹站駐軍新福晟兵至白鶴江遣人來會時賊恃東西二都緣宣洮沲富良海潮希麻罕諸江樹柵築城亘九百餘里發夷民二百餘萬守之又於富良南岸置樁水中盡取戰船置樁內列象陣於城柵守備甚嚴輔自三帶州駐市江口造舟圖進取征夷將軍朱能卒於龍州詔以張輔代之

五年張輔沐晟合兵破東西二都及籌江柵復敗賊於富良江追至喜羅海口擒季犛及蒼偽桂國胡杜等餘衆悉降安南平詔求陳氏子孫不得乃設交阯三司以都督呂毅掌都指揮使司尚書黃福兼掌布政按察二司事置十七府四十七州一百五十三縣十衛十三所詔舉交阯人才得甘問祖等

十一人以爲諒江等府同知張輔等檻送黎季犛等至京帝
御承天門授俘下吏誅之
六年張輔振旅還京論平安南功進輔等七人爵餘須賚有差
是秋交阯簡定反命黔國公沐晟出師討之與賊戰於生厥
江敗績尚書劉儁都督呂毅叅政劉昱死之復命英國公張
輔為總兵官討簡定
七年簡定稱上皇立陳季擴為越皇帝輔兵至交阯連敗賊於
醎子關太平海口簡定奔美良輔追獲之檻送京師伏誅季
擴走免
八年張輔敗賊黨阮師檜於東潮州詔輔還京輔奏留沐晟陳
旭等討餘寇陳季擴請降以為交阯右布政尋復反
九年張輔請討陳季擴從之輔會沐晟兵以進大破賊於月常

江賊遁去逮交阯參政解縉至京下獄
十年張輔率舟師破賊於日麗海口奪其化口城初賊恃荷花
海之險謂我軍不能渡輔兵由奇羅海直擣日麗賊大駭以
天兵飛來遂潰
十一年張輔沐晟合兵擊賊於愛子江破其象陣季擴走入山
柵捜獲之餘黨悉降交阯復平
十二年張輔等檻送陳季擴等至京誅之乃班師
十三年命英國公張輔往鎮交阯前交阯參政解縉死於獄
十五年召張輔入朝以豐城侯李彬代之中官馬騏為監軍騏
貪黷誅求郡縣民無固志盜賊蠭起
十六年交阯清化縣俄樂縣土巡檢黎利叛自稱平定王豐城
侯李彬遣都督朱廣討之利敗走彬追擊之不克參政莫遂

戰死

十八年交阯右叅政侯保馮貴與賊戰不利死之

十九年李彬屯田交阯出給事中柯暹御史何忠鄭維烜羅通為交阯各州知州暹等以言事訐直忤大臣故皆出之

二十一年交阯総兵官豐城侯李彬卒都督方政討黎利敗績指揮伍雲陳忠死之

二十二年仁宗即位敕黎利為清化府知府遣中官山壽往諭之利不受命召尚書黄福還京以尚書陳洽兼掌交阯布政按察二司事福治交阯十八年好惡同民盡心撫字政無巨細躬勤不倦交人戴之如父及還老幼號泣送之

仁宗洪熙元年贈前交阯死事尚書劉儁為太子少傅謚節愍

命都督方政榮昌伯陳智鎮交阯進剿黎利政智素不相能

慢師養寇中官山壽擁兵觀望降敕責之
宣宗宣德元年智等進兵茶龍州遇賊敗績知府岑彭死之詔
以成山侯王通為征夷將軍討黎利尚書劉洽叅賛軍務與
賊戰於寧橋通怯師却洽陷陣死知州何忠被執不屈亦死
通請益兵復命安遠侯柳升率師討賊黔國公沐晟由雲南
以兵會之仍以黃福掌交阯布按二司事與升偕行
二年黎利陷昌江指揮李任等死之進攻交州前都督方政禦
之斬偽將黎豸等賊奔王通怯不敢追賊遂復圍交州通飲
兵不出欲與利和柳升兵至倒馬坡不戒遇伏死都督崔聚
被執全軍覆沒利遂陷諒江府知府劉子輔自經死復攻我
祿州西平州欽州四峒皆沒於賊通聞升敗大懼遂與利盟
率交阯所置官吏俱還時上得黎利所進安南故王陳日煃

三世孫暠表乞立陳氏後以問廷臣楊士奇等曰立陳氏後
者太宗之初心陛下宜體之以蘇民上意遂決
三年詔沐晟罷兵還鎮遣禮部侍郎羅汝敬使安南覈陳氏嫡
孫之實以聞以黄福為户部尚書歸自交阯也黄福從柳升
入交升敗福為賊所得皆下馬羅拜曰我父母也使公不北
還我輩不至此衛之出境王通等至京下錦衣獄正其擅與
賊和棄地班師之罪與中官山壽馬麟等俱免死除名籍其
家
四年羅汝敬使安南還進黎利表言陳暠已死國人推利守國
俟命上降勑責之令再求陳氏後
六年黎利獻代身金人并上國人奏章言陳氏實絶利撫綏有
方乞令嘗攝永奉職貢乃遣侍郎章敞通政徐琦諭黎利權

署安南國事按安南自利後皆自帝國中利僭號六年改元順天偽稱太祖利分其國為十三路

九年安南權國事黎利卒子麟嗣麟本名龍僭號九年改元二紹平大寶偽呼太宗遣使告

哀請封仍命權安南國事時國政不修土官阮世寧等率衆

來歸

英宗正統元年黎麟遣使賀即位詔封麟為安南王以侍郎章

敞行人侯璡為須封使至其境闔門伍隘須傴而入璡叱之

撤闔乃進

四年安南報安平思陵二州竊據二峒二十一邨遣使諭之乃

退還

七年安南王黎麟卒子濬嗣

八年封黎濬為安南王濬本名隆基僭號十七年改元二大和延寧偽謚仁宗

代宗景泰元年遣行人邊永頒詔安南國王黎濬迎謁欲拜階

上永責之始下階拜
英宗天順元年安南王黎濬表請賜袞冕如朝鮮例不許
三年安南黎琮弑其君濬而自立琮本名宜民濬之庶兄僞初封諒山王僭號九月改元天典降稱厲德侯
四年安南人討黎琮誅之封黎灝爲安南王灝本名思誠濬弟僭號三十八年改元二光順洪德僞謚聖宗
憲宗成化十年安南遣兵窺我雲南知有備遂侵老撾詔切責
之黎灝上表謝罪
十六年議征安南既而罷之時安南累歲侵占城占城王遣使
請師中官汪直主之傳旨索永樂中調軍數職方郎劉大夏
匿其籍事乃寢
孝宗洪治元年遣侍講劉戩須詔安南戩廉潔餽遺一無所受
夷人爲立却金亭

八年安南攻占城占城、王表請遣使問罪不報

十年安南王黎灝卒封其子暉為安南王暉本名鏳僭號改元景統偽謚憲宗七年暉遣使來貢欲由龍州入憑祥知州李廣爭之詔仍由舊道

十七年安南王黎暉卒子敬嗣敬本名漳改元泰真偽謚肅宗未幾卒封黎誼為安南王誼敬弟僭號四年改元端慶偽謚威穆帝誼寵任母戚阮种兄弟恣行威虐戮宗親鴆殺祖母國人誼怨种奪主權漸不可制

武宗正德三年安南阮种弒其主誼立阮伯勝為王伯勝种弟國臣黎廣起兵誅之立故王灝孫晭晭灝第五子鏳之子誼被弒無嗣國人立之尊其父鏳為德宗

六年封黎晭為安南王以編修湛若水為須封使晭本名瑩僭號八年改元洪順偽謚襄翼帝

十年安南遣使入貢

十一年安南陳暠作亂弒其主黎晭自稱皇帝暠社堂燒香官詭為陳氏後國號大虞改

元天應國臣阮弘裕起兵討暠都力士莫登庸初降暠至是復與弘裕合攻之暠走諒山據長慶太原清都等府登庸等立晭子譓主國事譓本名椅初立方十歲改元光紹在國五年居清華九年偽謚恭帝謀請封道梗不果譓以登庸有興復功封武川伯秉國政

十三年安南鄭綏立黎酉榜為王舉兵攻莫登庸不克登庸反攻綏敗之殺酉榜登庸自為太傅進爵仁國公

十六年莫登庸擊陳暠破之暠走死其子昇奔諒山登庸既破暠益跋扈至納其主黎譓之母為妻

世宗嘉靖元年命編修孫承恩給事中俞敦頒詔安南諭其國王黎明時尚未知其被弑也承恩至龍州聞國亂乃不入莫登庸自稱安興王謀弑黎譓譓奔清華登庸立黎懬主國事懬譓弟本名椿在位五年

三年安南高平府牒廣西邊臣稱黎譓遣使請封長慶府亦牒稱黎懬遣使請封邊臣以其國無定主皆拒不納

四年黎譓遣使求援不達而返

五年莫登庸賂欽州判官唐清為黎懬請封都御史張嵿置於獄

六年安南莫登庸偽戕黎譓禪稱皇帝（改元明德僭號三年）立子方瀛為太子尋弒懬

九年莫登庸傳位於其子方瀛（改名大正僭號十年）自稱太上皇退居都齋為方瀛外援頒大誥五十九條於境内是歲黎譓卒於清華國人立其子寧（寧本名㦕改元元和）

十二年莫登庸攻清華黎寧奔廣南

十五年皇子生頒詔中外尚書夏言奏安南國内分崩久廢職

貢宜罷使不遣從之仍命邊臣勘覈本國廢貢情實以聞是年黎寧還清華遣其臣鄭惟僚泛海潛至京師奉表奏莫氏篡逆請兵討罪惟僚有志操能文章上書以包胥為比讀者悲之

十六年安南宣光路總兵官武文淵具奏國亂廢貢各情實請討國賊莫登庸願為先導廷議亦以安南不臣宜興師問罪侍郎唐胄獨上安南七不可伐疏

十七年命咸寧侯仇鸞尚書毛伯温師師征安南以蔡經總督兩廣軍務時軍已出剿撫之議未決廉州府知府張岳為經言用兵之害請留使者岳能檄登庸使納地請降經以岳見伯温岳遂進方畧并言安南可撫狀伯温遂以安南事宜屬之

十八年莫方瀛上表乞降上以夷情叵測詔毛伯温同仇鸞以
兵壓境察其情僞便宜處置
十九年召仇鸞還京以安遠侯柳珣同征安南伯温分兵六路
以進時莫方瀛死登庸立其孫福海以嗣方瀛聞王師至境
大恐輸款於張岳岳令組繫請命登庸乃跣足匍匐詣關乞
降并還所侵欽州地伯温上其事詔赦登庸罪降安南為都
統使司以登庸為都統使予世襲又以登庸奏黎寧乃阮淦
之子仍命守臣廉訪寧果黎後後授以清華四府以奉宗祀
二十年莫登庸死安南都統使制始下毛伯温請以授其孫福
海遂之乃班師
二十一年莫福海赴鎮南關受勅印
二十五年安南都統使莫福海卒子宏瀷方五歲宗人爭襲謀

殺宏瀷官目黎伯驍擁衆護之得不死

二十六年安南莫文明正中等避難來歸

二十七年安南逆黨范子儀等寇欽州官兵擊斬之

二十八年安南莫敬典誅子儀餘黨護宏瀷叩鎮南關請襲職

三十年詔以莫宏瀷襲安南都統使時登庸臣黎伯驪合黎寧

臣鄭檢攻宏瀷奔海陽不能赴關領職

四十二年安南莫宏瀷遣使來貢

穆宗隆慶五年安南都統使莫宏瀷卒子茂洽嗣

神宗萬曆元年詔以莫茂洽襲安南都統使茂洽遣使貢方物

自是朝貢不絶

十九年安南故王孫黎維潭與其臣鄭松起兵攻莫茂洽洽奔

嘉林土民襲殺之其子敬恭等走高平初黎寧居清華之漆

馬江寧死其臣鄭檢立其子寵寵死無嗣檢子松立故王黎暉四世孫維邦維邦死松立其子維潭至是復有安南

二十年莫敬邦起兵攻維潭不克而死維潭叩關請通貢撫臣陳大科奏言蠻夷易姓如弈棋然不當以彼之順逆為順逆惟以彼之順我逆我為順逆黎氏復仇其名甚正但不請命於朝戕殺職方貢臣宜下詔詰責然後納之

二十三年黎維潭遣使請罪求款莫敬恭復遣使請兵

二十四年詔授黎維潭款以為安南都統使以莫敬恭為高平令命黎氏毋相侵害

熹宗天啟四年安南鄭松攻高平擒莫敬恭以歸敬恭子敬寬復收兵保高平後中原板蕩朝貢不時黎維潭卒子維新立維新卒子維祺立維祺卒子維禔立其年次俱不可考

國朝

順治十七年粵西平高平令莫敬耀敬寬子遣使陳情納款請封撫臣于時躍以其率先向化請封之為黎氏勸詔授安南都統使制下敬耀死子元清襲

康熙二年安南都統使黎維禔遣使上表來貢頒賚有加是年維禔卒

三年命編修吳光禮司務朱志遠使安南諭祭黎維禔嗣子維禧援例請封

五年詔封黎維禧為安南王以侍讀程芳朝郎中張易賁為頒封使維禧請六年兩貢並舉從之永著為例

六年黎維禧取高平莫元清敗走皈朝

七年命侍讀李仙根主事楊兆傑往諭維禧令以高平還元清

久之始從

九年莫元清入高平黎氏臣鄭檍發兵戍之提督馬雄會將軍線國安出兵聲討檍乃撤還是年安南王黎維禧卒弟維禔嗣

十二年安南遣使告哀會有吳逆之變故封冊使不行

十三年黎維禔與其臣鄭檍復取高平元清卒其子敬光等奔泗城

十四年安南權國事黎維禔卒弟維正嗣

二十年雲南平安南黎維正遣使入貢并告哀

二十一年命廣西撫臣送莫敬光等回國安置毋致殘害敬光不敢歸自縊于路其弟敬曜等亦脫走餘眷三百餘口至安南黎維正悉赦之

二十二年命侍讀鄔黑郎中周燦使安南諭祭黎維禔復命侍讀明圖封維正為安南王

御書忠孝守邦四字賜之嘉其不從吳逆也

二十四年維正遣使謝恩

二十五年遣使入貢

二十八年禮部咨問安置莫敬𣆶事維正報稱敬𣆶妄自稱王結吳逆餘黨為寇安南皆誣詞也

三十年維正遣使來貢復上表奏莫敬𣆶事是後皆如期奉貢不闕

五十年詔免安南貢象牙犀角是年安南王黎維正卒子維裪嗣

五十七年安南遣使告哀請封

五十八年命中書鄧廷喆檢討成文使安南封黎維禑為安南
王并諭祭維正
雍正元年維禑遣使賀即位
九年安南王黎維禑卒子維祜嗣
十年安南遣使告哀
十二年命侍講學士春　給事中李學裕使安南封黎維祜為
安南王并諭祭維禑
十三年安南王黎維祜卒子維禕嗣遣使告哀
乾隆元年安南遣使賀即位
二年命侍讀嵩壽脩撰陳倓使安南封黎維禕為安南王并諭
祭維祜
六年莫康武作亂據保樂州維禕討之數年乃平

七年安南遣使来脱貢

十三年安南遣使來貢

十九年安南遣使來貢

安南紀畧卷下

安南原名交趾山海經曰交趾國人交脛東漢書曰男女同川而浴故曰交趾或云其人兩足拇指相向或云其地西北自交岡來未知孰是

幅幁東西一千七百六十里南北二千八百里東與廣東界東北與廣西界西與雲南界西南與老撾界南挿入大海與占城界

其地分十三道安邦諒山大原宣光山西諒北海陽興化山南清華乂安順安廣南五十二府海東長慶富平高平安平三帶河北慈山諒江荊門順安上洪下洪國威端雄臨洮天關新興義興建昌長安安西沱江常信快州南策天長應天蒞仁歸化紹天靖寧嘉興清都葵州茶麟英都紹光演州臨安忽義王麻河華新平肇豐并華懷仁奉天四十三州萬寧新安安傳温州文淵文潤脫朗七源下浪上浪廣淵武崖石林保樂安六牧物大蠻白通定化平原綏附高陵夾州倫州瓊崖黄岩謙州合肥越州水尾文盘柳關良政蚕州岑州明靈順平布政歸合雲屯永安禄平倫州有二一百七十一縣宏浦安興陸岸安世安勇保禄鳳山右隴武寧安樂安越金華普安富良平原大慈司農石室文郎河喜

安郎感化白寉立石臨安芝封嘉定文江水棠東朝宜陽金城超類美才仙游東岸新福洽和慈廉安老安陽平河至靈青林岐山錦江唐安唐豪嘉林清沔仙侶天旋浮雲清潭金洞東安上福彰德福祿清感山陽三陽三戾丹鳳東蘭懷安西蘭寧山扶寧清波花溪山圍荷花當道廣義庢江美良不拔鎮安安丘清源符花昭晉金榜文振新明延江永賴奉化四岐六安望名長津芙蓉天水彭安武山舒池嘉遠真安定謨膠水安康西真南昌維新上元莪江雷陽平陸富川永寧淳祐宋江清康山東瑞源錦水石城定安廣昌平江農貢玉山真祿羅江天祿壽春東城南塘瓊留興化弘化會定初山鄭高襄陽永康中山樂土翠雲浮花順廣金山寧化神溪清蘭清渭珠良順忠奇花香山宜春清江康樂麗水思榮丹田海陵武昜金案河東燕江黎江中山慕花荇離蓬山莪山新豐安樂有二皆無城郭豎木柵簕竹為藩

自國中入安南有三路一路廣西凴祥州出鎮南關至文淵州歷諒山長慶等府入黎京即今之貢道路最平坦可以聯軌惟有畏天關至芹站百餘里崇山密箐僅容兩騎夷人恃此為險一由雲南蒙自縣猛烈柵歷宣光臨洮等府入黎京境中水草毒惡須載水以往皆陸程一由廣東欽州天津驛泛海經涌淪佛淘入萬寧州海口達黎京為水程外洋風濤甚

險不易行其餘廣西龍州上下凍州上下石西州思州歸順
州廣東欽州尚有數路可通但非孔道也
自其國都至京師一萬一千三百里至廣西憑祥州五百里至
老撾五百六十里至海三百二十里至占城界一千九百里
其國例三年一貢六年兩貢並舉遣使入都一次至謝恩入賀
無常例
朝貢官從　陪臣三員　通事一員　行人四員　從人十三
名
例貢方物　金香鑪花瓶四副重二百零九兩　銀盆十三口
重六百九十一兩　沉香九百六十兩　速香二千三百六
十八兩　降真香三十株重二千四百觔　白木香五十件
重一千觔　中黑線香八千株　白色土絹二百疋每疋長

四十尺　犀角二十座每座一觔六兩　象牙二十枝每枝十九觔今犀角象牙已免貢其鑪瓶等物俱折金銀以進

其地夷獠雜居不知禮義民性輕悍以富為雄役屬貧弱爭奪不忌暑熱好浴於江便舟善水平居不冠立常叉手席坐蟠足謁貴跪膝三拜

交愛之民倜儻好謀驩演之民淳秀好學

黎京其國都也在富良江之西古龍編城今名奉天府有三十六坊環大炮為城屋舍惟王宮寺廟用瓦官民之居皆以草苫楹棟率以竹為之

國王及夷官衣履冠帶悉倣有明民則披髮跣足衣皆大領無襌女有無褶圍帬

夷官以典兵為重列土封爵郡公至幾百十員侯伯子男無筭

文官掌簿書而已
在内文職有東閣大學士東閣學士　翰林院掌院承旨侍講
侍讀編修校書檢討　六部尚書左右侍郎各司郎中員外
郎　御史臺都御史副都御史僉都御史提刑十三道監察
六科都給事中給事中　大理太常光禄太僕鴻臚尚寶
六寺寺卿少卿寺丞　通政司通政使通政副　國子監祭
酒司業五經博士教授　中書監中書舍人正字華文直
隸府縣府尹少尹治中縣尉通判等官
在外文職有十三道承政司承政使叅政叅議　憲察司憲察
使憲察副使　知府同知府　知州同知州　知縣縣丞
各府儒學訓導　各司府首領經歷録事典簿知簿推官主
事等官

在内武職有東西南北中五府署府都督左右都督同知僉事
錦衣金吾二衛掌衛都指揮使同知僉事　神武効立殿
前三司提督叅督都檢點左右檢點　各衛司指揮使同知
僉事　各所千户百户統制等官
在外武職有各鎮総兵使総兵同知僉事　沿邊各所經畧使
經畧同知僉事　各衛総兵知同総知僉総知　各所管領
武尉等官
黎京及各道府俱有文廟所祀非宣聖乃明學士解縉蓋縉曾
為交阯叅政倡興文教也
三年開科有鄉會試鄉試中三塲為生徒中四塲為貢士會試
中四塲賜同進士出身中五塲賜進士及第以前三名為三
魁其第一塲用九經文二塲詔制表三塲詩賦四塲對策五

塲國王親策對如中國殿試所取生徒入各府儒學貢士入國子監新進士例授以州縣充貢使從官一次然後擢陞

書籍有五經四書左傳諸史通鑑性理文選通考廣韻玉篇武經類書中國諸名人文集及佛經道録天文地理曆數算法星卜醫相篆隷諸書無不備具字體依洪武正韻國人讀書以綱鑑性理為尚

書法遵宗體千人如出一手不甚分醜好其作書兩手並無附麗左執紙而右搦管雖殿廷射策作細楷字無不然

其兵曰父子鄉兵大州縣選壯丁一千中八百小六百或五百名為戰士戰士一名二人運糧其餘人數出納糧草如進攻某處則盡調而行以總兵等官總之無事一切放還敵兵臨境自相保守其州縣地方衝要者調附近偏僻州縣之兵益

之都城亦然惟各衛有常川軍及力勇武士皆食官糧凿留宿衛所選壯丁官剃其額上髮寸許以别於民焉

夷兵無甲胄惟穿大袖青衣天暑即裸勇捷好戰利則乘勝長驅不利則退據險要失險則潰無屯兵守城之計所用器械專尚銃炮亦有刀箭籐牌諸物非其所長

環國都上下沿江五六十里俱列戰艦丹黄雕鏤備極人工其軍械亦精於飾

國中有廟宇祀漢伏波將軍馬援明征夷將軍張輔新息視英國靈爽尤赫自王以下無不望門瞻禮歲時致禱焉

天使館在富良江之東去國二十里許以竹為牆每天使至一次則加竹一重俗無桌椅特為使者置二公座

中土及四方洋船販其國者皆泊船軒内軒内去國都百餘里

有市㕓數　曰天朝街呼我中國人曰天朝人所與貿易互
市皆婦女雖官之内子不為忌

自廣西龍州等處入其國貿易者多在諒山長慶等府禁不得
渡富良江

凡他處客商皆不得入其國都所貿易之地設官分鎮出入稽
察防範惟久處其地娶有家室者方得往來無禁

夷俗貴女賤男生男則憂生女則喜如中土人娶妻生男則聽
取回女則留之

婚嫁女多娶男使女非有財產男亦不屑然女多男少雖平民
亦有三四妻妾

其男女往來坐立洗浴便溺不相廻避雖裸體不為恥貴家亦
然故多媱蕩苟合之事

夷人嗜檳榔刻不離口以之待客飲燒酒其牛羊鷄豚燒去毛
即割而食之
豪貴之家始有床褥平民皆席地而卧天寒以草藉之
大貴者出入有轎似車盤膝而坐八人或四人肩之其次以網
為兜兩人肩之
國王儀從多用武士獨其傘扇轎夫雖寒天不着寸衣惟用青
布一幅纏腰從尻下裹勒至臍而已率皆形體壯大名曰好
漢
民居屋檐不過四尺門僅三尺出入必傴僂屋外多置刺竹甘
蕉椰子諸樹
夷人以藥塗齒黑而有光見人齒白者笑之
銅柱有四一在凴祥鎮南關外與文淵州界一在欽州今茅嶺

下桑安東府界一在林邑北為海界一在林邑南為山界漢伏波將軍馬援立銘其上曰銅柱折交阯滅故桑人往來以土石培因久之成阜僅露顛末而已

富良江為國中第一大川水極濶隔岸不見人影長千里餘環抱國都南入於海

三島山在河北府三峰特起矗入霄漢為安南主山

安子山一名象山在安邦道為國左鎮漢安期生得道處宋海嶽名山圖以此山為第四福地

傘圓山在安西府為國右鎮

佛跡山在奉天府上有仙人跡下有池景物清麗為一方勝概

句漏山在石室縣即古句漏縣葛洪求為令者

東究山一名東皐在河北府唐鄭度高駢建塔其上

金牛山在武寧縣相傳高駢欲鑿此山見金牛奔出乃止金牛往往夜見光耀數里

仙遊山一名爛柯山在河北府相傳為樵夫觀棋爛柯處

雲屯山在安邦道大海中兩山對峙一水中通番國商船多聚於此

大圓山在安邦道大海中突起圓嶠出白象

戲馬山在清華道巍然獨立橫枕長江為邑人九日登高處

至靈山元脫歡立柵居守處

安鑊山在清華道出美石漢豫章太守范甯嘗遣使於此採石為磬

高望山一名天琴山在乂安道陳氏主遊此夜聞天籟聲故名

艾山在嘉興府上有仙艾每春開花雨後漂入水魚呑之便過

龍門江化為龍

普賴山在諒北道

橫山在廣南道昔林邑告交州刺史求以橫山為界

丘蟠山上有石門廣三丈馬伏波所鑿

鳳翼山交人歲時登覽於此

羌山下有岩洞水穿洞中可行舟

崑山上有清虛洞漱玉橋白雲庵諸勝

隴山四面翠壁中有村墟以上五山見廣輿志未詳何地

交崙在宣光道昔黎氏播遷其臣武嚴威文淵等據此以抗莫氏

邱急嶺

宣江在宣光道東流入富良明沐晟自雲南入交阯駐兵於此

洮江在臨洮府

沱江在沱江府

麗江在廣淵州自水口關入中國

海潮江在海陽道陳氏破占城行軍處

嘉林江在河北府明都督朱榮敗黎季犛於此

漆馬江在清華道黎譓失國後棲此

龍門江在嘉興府飛湍聲聞百里舟過此必舁上岸然後復行

黃江在安邦道南流入海

月常江在清華道

麻牢江在南策府

憂子江在順安府

浪泊在奉天府西一名西湖即馬援仰視飛鳶跕跕落水處

龍溪在鎮安府昔陳氏烜過此江不能渡忽見一橋跨江既渡
回顧不見及有國改名龍溪
來蘓江舊名蘓歷江昔人有蘓歷者開明尚書黄福重浚因王
師吊伐更今名
萬刼江元脫歡駐兵於此
白藤江宋孫全興破黎桓兵於此
白鶴江明沐晟駐軍遣使會張輔處
如月江陳日烜襲破元脫歡軍處
希麻罕江黎季犛屯兵拒張輔處
木丸江明張輔破阮仁子兵處
生厥江簡定敗沐晟兵處
天威涇唐高駢鑿以通運涇有青石不能治既而電雷破之故

名

東津渡在昌江市明張輔始造浮橋後因之歲一易

環境東南皆海通內江有十餘口

安邦口在安邦道

太平口在安平府

江平口在萬寧州欽州船由此入港

悶海口在黃江入海處

神投口

日麗口在廣南道

荷花口海之支流揷入山南廣南兩道之間

奇羅口一名喜羅口在廣南道

膠海口

大滂口

天長口在天長府

獨步口諸蕃國商船多由此入港

夷人於諸海口樹梹榔樹望之類木柵然以防寇盜

越王城漢安陽王築安陽舊都越故名

望海城漢馬援築

大羅城唐張伯儀築

鷄陵關隘晋關畏天關係廣西憑祥入其國之徑

猛烈柵華關隘係雲南蒙自入其國之徑

鹹子關在膠水縣界

牛鼻關在美良縣界

女兒關可離隘洞板隘內傍隘俱近廣西其餘關隘尚多

其氣候山中煖一年再稻一歲八蠶果實四時生長無定
其土五穀皆宜惟無雨麥桑麻藪野多魚塩近海故也
金大原諒山乂安高平等處俱出
珠靖安雲屯海中出海賈云中秋有月歲多珠
丹砂出勾漏山
玳瑁出海中狀類龜殼稍長有六足後兩足無爪
沉香香木斫斷歲久朽爛心節獨存置水則沉故名
安息香樹如苦楝大而直葉類羊桃而長中心有脂作香
蘇合油樹生膏可為藥
珊瑚出海中直而軟其色碧見日則曲而堅其色赤
桂其皮為藥出於黎京者佳清華次之
紫檀木新者以水浸之色能染物

虎斑木

蘇枋樹一名多邪樹類槐花黑子白木可染絳

石林竹似桂竹勁而利割削之象皮如刀出九真

晋求子殻有稜而尖肉白色甘如棗其核可治嬰孺之疾

千歲子蔓生子在根下一苞二百餘顆（殻青黄色實味如栗乾者搖之有聲）

蓽茇一名蒟醬蔓生

波羅蜜大如冬瓜黄色皮鱗〻然有軟刺削去皮内肉層疊如橘囊味甜美似蜜中有核數百大如棗其仁可煮食能飽人

奉化嘉林出者尤佳

菴羅果俗名香蓋乃果中極品種出西域實似梨多食無害

猩〻人面似猿能言捕者設酒路側置屐以草結之猩〻見即知張者祖先姓名罵曰奴欲張我亟捨去既而謂試嘗之飲

醉即以着屐為人所擒

狒狒似獮猴人面而紅能言聲如鳥披髮迅走力負千觔性食人見人則笑至以下唇掩其額故可刺之髮可為纓血可染衣飲其血使人見鬼

犀生海中宋真宗時安南國王献馴犀帝欲不納重違其意待使者去而縱之

兕如牛角生鼻端漢靈帝時九真献奇獸即此

象諸山皆出夷人畜之以多為富

白鹿出武寧山中間有之不常見

羚羊一角堅實可碎金剛石

蒙貴狀如猱而小紫黑色畜之捕鼠勝於猫

白雉出廣南清華等處

翡翠羽可為首飾
蚺蛇形大而長肉可食其胆性極冷能療眼疾及諸瘡
鸚鵡魚出龍門江青緑色口曲而紅似鸚鵡啄相傳此魚能化
龍
戴帽魚鋭首無鱗有骨若挿箭然味如河豚
桂蠹生桂樹中形如新生小鼠偷食蜂蜜人以入口即化為蜜
甘香無倫
蟻子鹽醢安南溪洞酋長多収蟻卵為醬為美非官客親族不
得食周禮醢人饋食之豆有蚳蟻子即此
民事蠶織販於中土有交絹交紗交羅交兑綿紬也交帕交布等
物率皆纖輕不甚堅級
交阯有古雒王宮址舊傳有雒田隨潮水上下墾其田者為雒

民統其民者為雒王副貳者為雒將皆銅印青綬號文郎國
以淳朴為俗結繩為治十八傳為蜀王子泮所滅
夷人別種有飛頭獠子赤裩獠子鼻飲獠子皆窟居巢處好飲
酒擊銅鼓鼓初成置庭中徧招同類來者盈門其豪富女子
以金銀釵擊鼓叩竟留與主人或云銅鼓馬新息侯所造又
云諸葛武侯征蠻所造

秦阮翁仲交阯人身長二丈三尺少為縣吏被笞嘆曰大丈夫
當如是耶乃入學究書史始皇時拜臨洮守威震匈奴及卒
始皇鑄銅為像置咸陽宮司馬門外匈奴至見之皆下拜

漢女王徵側麊泠縣雒將之女也嫁為朱鳶人詩索妻甚勇交
阯太守蘇定以法繩之側怨故反

唐姜公輔愛州人登進士第授右拾遺遷翰林學士德宗幸奉

天公輔叩馬諫曰朱泚常為涇師廢處京師心常怏〻若亂軍奉以為主則難制矣既而果奉泚作亂帝深罷之擢為相後以諫唐安公主造塔事罷為左庶子再貶泉州別駕

宋國王陳日煚本福州長樂邑人姓名為謝升卿少有大志不屑為舉子業間為歌詩有云池魚便作鵾鵬化燕雀安知鴻鵠心類多不羈語好與博徒豪俠遊屢竊其家所有以資妄用遂失愛於父其叔乃獨異之每加回護會其家有姻集羅列器皿甚盛至夜悉席卷而去徑依族人之仕於湘者至半途呼渡舟子所須未滿毆之中其要害舟遽離岸謝立津頭以俟聞人言舟子已殂因變姓名逊去至衡為人所捕適主者亦〻戚人遂陰縱之至永州久之無聊授生徒自給永守林岊亦同里頗善遇之居無何有邕州永平寨延檢過永一見

奇之遂挾而南寨居邑宜間與交阯隣近境有棄地數百里每交易則其國貴人皆出為市國相乃王之婿有女亦從而來見謝美少年悦之因請以歸會試舉人謝居首選因納為婿其王無子以國事授相相又昏老遂以屬婿以此得國焉自後屢遣人至閩訪其家或以為事不可料不宜與之通竟以歲久難以訪問反命焉其事得之陳合惟善僉樞云見周密齊東野語按此似國相以李氏婿得國日煚又以國相婿得國其說與史傳互異且國相不知姓氏伊何如史所稱李昊旵之女昭聖者不知為日煚之妻抑日煚之妻母姑存以備考

明莫登庸海陽都齋社人世業漁登庸有勇力選備宿衛國王黎晭擢為都力士陳暠作亂登庸附之尋復與阮弘裕合擊暠立黎譓為王以興復功封武川伯總水步諸軍遂竊國柄至移黎祚後天兵討罪登庸赴闕納欵歸國即死或云為其

義子阮敬所殺
清華鄭氏其先本中國人後為清華望族世與國婚黎譓失國
徃依之鄭惟㜀盡心輔翼迨至檢松立君由我漸成尾大不
掉之勢及黎惟潭藉其力以復國遂專制其主黎氏具位而
已聞初已簒黎氏後感風雷之變故復立之松後有檍檍後
有椿椿後至今其柄國者未詳何名
廣南穆氏乃鄭氏之甥黎氏中衰時鄭令穆守廣南後遂據之
與鄭離貳惟奉貢於黎氏判然彊界各以重兵戍之鄭氏地
多民衆而兵弱穆氏地少民寡而兵强至今讐殺不已
明武文淵申報國亂狀
令嘉靖十六年二月二十八日武文淵等見奉天朝委官趙大
官遍下公文二道查勘安南國事由仍明示武文淵等以禍

福之涅傾誠向化之方文淵不勝喜懼欣幸之至盖惟天朝
皇帝爺爺陛下尊居五位正臨萬邦體乎天地之心正此綱
常之道將以勸善懲惡故使趙大官有是行也而文淵等雖
鄙俚敢不悉心以陳答之乎然文淵等慮夫本國緣被莫登
庸僭奪位號寖成亂階遂失事大之禮彼莫登庸者海濱之
子拋網之徒其祖父並以捕魚為生莫登庸等故前國王黎
晭録而用之國王黎晭不幸即世本國頭目共推立黎氏子
孫黎椅為主年號曰光紹以統國事欲復修藩貢如例豈意
莫登庸等僭謀不軌別立私黨放逐光紹奔播在外既而鴆
殺之國統遂亂彼又陽立光紹弟黎椿為王聊安衆心然權
柄則歸莫登庸之手政令則出於莫登庸之口纔得五年而
又殺之并及王之母皆篡之於館外乃篡其位號曰明德居

得三年兄弟相爭彼又殺其弟莫橛而偽傳與子莫方瀛號位大正九八年於玆矣自退海陽古齋處莫方瀛則居龍編城焉揶知逆臣莫登庸父子篡國奪位害主虐民情節如此是以本國忠義之士則有頭目閥閱如鄭惟駿等共推戴光紹之子黎椲以攝國政據於清化路鄭嵎鄭嶠據於大原阮金等據於義安阮仁蓮等據於廣西此數者皆義存故主志勵報讐各擁兵衆割據土宇以圖濟國難思殄讐人之惡允乖天理之常屢至安南國故二十一年誠失藩臣之禮職此之故也若夫黎譓黎應者乃逆臣莫登庸畏其罪戾詐冒假名以求售其奸計然黎氏子孫無此二者姓名明矣至於始末山溪道理一一著在於天朝版圖之中茍文淵等不具言則大官亦已知之然武文淵等切見諒山石龍等道少有平

坦其餘各道並是崎嶇者焉今武文淵處夫祖父迭荷國恩
兄弟蒂承家蔭念國讐安可以共戴誓逆賊難以俱生忿庸
瀛父子之奸浮於莽悪而雖土人民之苦殆勝秦苛故臣虜
之手不低報主之心忍忽為此武文淵兄弟等奉本國王命
出領宣光路地方深有望天朝德義恭惟皇帝爺爺陛下德
廣亨屯量弘拯濟奮周后伐罪弔民之舉嚴人君弒君簒位
之誅正名分之乖違救生靈之荼毒使内寧外撫遐邇共仰
於德威而大畏小懷蠻貊用沾乎聲教為此具狀謹陳伏蒙
照鑒

明鄭惟憭申報國亂狀

逆臣莫登庸者業中武舉為力士校尉鄭惟憭叔父鄭惟慎累
薦為都指揮以本國初亂之時先登庸從陳暠後始来降權

命為宜陽縣叅将他善水戰討賊有功遂次選陞為川伯許該管海洋一處稍有權柄時本國頭目鄭綏阮弘裕爭權相攻各回清華本貫登庸乃挾本國世子令一國頭目取金銀乃陰許其黨文官范嘉謨賂誑誘文臣等謂權在勲舊頭目我等不得用事不如保他為節制官則我等任意横行遂率衆保登庸為節制十三道登庸得纛掌國權陰蓄不臣之志乃謀作不軌世子知之間行得脫於外世子庶弟黎慮及黎慮母後出被登庸躡追獲本國頭目人民皆從世子起兵逐登庸登庸走回海洋地方從登庸者止有上洪下洪荊門南策太平等府耳世子再回國都将前保登庸文殺之督諸頭目民〻四面夾攻當時舊曾兵頭目阮弘裕已死鄭綏猶在清花國兵雖多而無所統攝登庸仍脇立黎慮造濠壘固守

海洋一方一月之間攻之不破登庸即出其不意以水船從
大江潛夜直趨掩襲國都世子走脫其旗盖等物俱為登庸
所得登庸乃大張其旗盖詐嚇各處諸軍謂已獲世子本國
目兵一時退走設險據要各相自守及後方知登庸已得勢
世子退據寧山縣鄭綏由清華進至見時勢稍弱即迎世子
回據於清華地方都國城寖皆為賊有登庸又恐譓逃出從
世子乃鴆毒殺黎譓假立別人猶冒黎譓姓名於嘉靖五年
七月內有從前逆臣莫登庸之黨裔文崑出迎世子率山南
所管之兵來降世子仍令鄭惟峻鎮守清華留世孫與命鄭
惟峻保養之世子督兵進天江府道駐樂土縣令諸頭目夾
攻登庸黨於彰德裔文崑亦進水道夾攻登庸於木芃洲三
岐江山南承政司處裔文崑兵敗登庸追至滋仁府金榜縣

世子未知之也登庸取金銀講求樂土縣土官郭遼寉引行捷徑圍襲世子營不意之間各皆潰敗前天朝封賜勅書及文書字跡一切盡棄登庸乃擒得世妃生世孫之母鄭淑寶沉江殺死世子惟帶一欽賜印信隨身走脫從臣止存十五六人潛行山道到清華地方在前諸軍並不知焉及見燒房放銃各相散回寧山舊處逆臣莫登庸盡得勢矣

明鄭惟憭航海乞兵對

本國世子及頭目耆老共議謂本國危亂如此遠聞中華有聖明之主忠良之輔必不棄我我國大困欲赴天朝奏訴而陸行之路並不得通欲作水船過海又不諳水路及覆思維罔知所處幸見廣東商船漂海到於玉山縣雲濟社海世孫乃命諸頭目文武官等議論作急差人寄與商船載本諸頭目

都不敢行惟鄭惟憭一則恨登庸逐君篡國一則恨登庸殺惟憭親母之讐誓不共戴天且又念食君之祿死君之難事不辭難臣之職也即奉命而行所與共事朱盌行至南寧不得前進再回病死頭欲繼成父事乃頤行爾本國係在海邊知海行之事死生難定世孫乃作二本封在二筒并二批差惟憭朱頭各帶一人一筒分行二船防或一人死一人生亦得信通天朝世孫與諸頭目耆人焚香祝天國祚存亡係在惟憭等一态惟憭自家而出一國之人皆諭其十死一生蓋海外浮沉一死事也如到廣東不赴官府衙門掛號即路上盤詰捉獲則外夷過海越關是一死事也若赴官府衙門掛號則或不許前往再送回本國逆徒接取而殺之又一死事也或官府衙門恨其越渡關津先殺後奏朝廷安知其是某

人緣某事空死道路亦一死事也且共論謂天朝教化風俗本源教化者所以教天下之人事君盡忠事親盡孝切憂道路艱難生死是命如到天朝必無死理乃作間道潛行之計自過梅嶺去處猶恐其泄知韋延歲月盤纏俱盡飢寒困苦未知死生如何今幸已到京得見天日始有生理竊念惟憭承本國世孫差來之事不是小事路途亦不是近便路途苟非為國為君安敢到此乎伏望推徃事足以驗當時且如申包胥已不知楚國子孫何在猶能自身走秦告急請兵以復楚祚張良則韓國已滅猶能自身出家財購求力士要擊秦皇以為韓報讎豫讓則智伯已死猶能自身致死變名吞炭途廁伏橋欲殺襄子以報智氏況今鄭惟憭猶有本國世孫差來豈不捐軀奉命而行此乃一國大事非鄭惟憭自家私

事顧審情憐憫之其如作本寫本之事則各有司存非鄭惟㦗之職本國舊規翰林起稿東閣撰定遞入國王看過送下中書監書寫再遞入惟有國王與尚寶司內官守印人用印司禮監房吏官封定呌差人来國王面前分付惟知齋捧而行豈敢問其何人作本何人寫本與其間事體何如哉國家之大小不同君臣之禮洽則一如太陽下臨萬物安得仰視乎

莫登庸納土請罪表

臣荒徼細氓限於知識然每遥瞻北極光被四表天清地寧海晏河潤臣仰知中國有聖人久矣況天威震動之下而有陽春駘蕩之仁惧感交駢曷可云喻惟先國主黎氏末運迍邅相繼淪喪及至黎懬攝國未幾亦遘危疾臨終倉卒之時苟

沿夷俗暫以國事付之於臣臣又付之子方瀛未及奏請委
涉擅專雖君門萬里難於上聞而罪實滔天豈容自昧嘉靖
十七年臣父子謹遣阮文泰等齎表丐降并祈處分俱出誠
心別無虛詐但積誠未至不能上動聖心夙夜憂危靡遑寧
處嘉靖十九年正月二十五日方瀛不幸遘疾而亡國人狃
於舊習欲以方瀛長子福海代領其國臣慮前者誤相授受
義已不安今若再徇所請負罪益重無以自解以此臣與福
海惟執共以俟朝命頃者大將專征重兵壓境臣猶圈豕何
足以當幸見軍門檄問備奉天言慈渥無涯拊膺流涕竊念
縲臣有罪黔首無辜陛下不忍以縲臣之故而並戮群黎縲
臣何幸以群黎之故而概存殘喘已於國內北望嵩呼率同
小目阮如桂杜世卿鄧文直耆人黎烇阮緫蘊文速士人阮

經濟楊惟一裴致永等於嘉靖十九年十一月初三日恭候
南關組繫出境詣幕庭而稽首輸中款而投降臣登庸本欲
躬自赴京聽天請死緣以衰老且病不堪匍匐長孫福海又
在喪次謹令親姪莫文明代臣赴闕俯伏待罪亦已見臣父
子前遣阮文泰等所齎降表委係畏威懷德不敢有飾詐之
心伏望聖慈矜宥俾獲自新其土地人民皆天朝所有惟乞
陛下俯順輿情從宜區處使臣得以內屬永世稱藩事骵歲
領大明一統曆書刊布國中共奉正朔臣莫大之幸也雖先
國臣丁氏陳氏黎氏遞相沿襲稱號紀元臣悔悟之餘固自
知其不可已經嚴戒國人一切革除聽候新命豈敢仍蹈往
謬自速天誅廣東欽州守臣奏稱如昔貼浪二都澌凜金勒
古林了葛等四洞原係欽故地果如所稱則是先年黎氏冒

而有之今臣願將前地歸隸欽州至於惟懷所稱黎寧者國人相傳皆以為阮金之子黎氏委果無人故臣已於國都為設香火以存黎氏之祀今雲南又以黎寧為黎氏之後見在老撾已達聖聽臣何敢辯惟願以廣陵七州紅衣等寨及其處某處附近之地割與管轄徑屬雲南惟復仰蒙聖恩特遣使臣一二員竝抵本國遍訪舊民如有黎氏子孫臣當率衆迎歸全以土地奉還豈直割與前項地方而已若果如國人所云亦乞憫念生靈俾有統攝其本國先年缺貢應合類補及以後年分該貢方物臣不敢據以為言者以方在衆中求免一死尚恐不得耳臣又欲查照先朝故事備辦代身金銀人即欲奉獻止亦慮唐突惟已投降聽處實情理合具本權用天朝原賜本國印信鈐蓋緣前印信臣止宜謹守不敢擅

用但惟非此則無以為左驗伏望聖朝垂察
右夷人表文四通見殊域周咨錄當莫㬉搆逆時中使不通該國情事俱不獲聞及遣使查勘并檄該國頭目申報所稱俱參差互異其最著者如武文淵鄭惟憭輩言亦不能統一今姑存其文以備參攷亦可見其國藝文之一班云